JN243837

拉致被害者たちを見殺しにした安倍晋三と冷血な面々

蓮池 透
Hasuike Toru

講談社

まえがき――日本が北朝鮮の報告を拒む理由

二〇〇二年九月一七日、小泉純一郎(こいずみじゅんいちろう)首相が訪朝し、北朝鮮による日本人拉致が白日のもとに晒(さら)されてから十数年が経過した。その間、拉致被害者五人とその家族が帰国・来日した以外、拉致問題は膠着(こうちゃく)状態であり、何の進展もない。また、事件発生からは驚くべきことに四〇年近くが経っている。

被害者たちの帰国を一日千秋の思いで待っている私たちは、ただ年齢を重ねただけだ。その苦しみ、悲しみ、焦(あせ)り、憤(いきどお)りといったさまざまな感情は年々増大し、もはや限界を超えている。

そのような状況のなか、ようやく二〇一四年五月下旬、日朝協議が行われ、日本側の経済制裁の一部解除と北朝鮮側の拉致問題再調査の実施等で合意がなされた。いわゆる「ストックホルム合意」である。

この合意に私たちは一縷(いちる)の望みを託したのだが、一向に北朝鮮からの再調査の報告はなく、その期限は責任の所在が不明のまま次々と延ばされた。二〇一四年「夏の終わりから秋の初めごろ」から、一年後の二〇一五年七月へ、また七月から九月へ……。

さらに二〇一五年九月一日付朝日新聞朝刊によれば、岸田文雄外務大臣は八月三一日、参議院拉致問題特別委員会において「（北朝鮮の外相に）働きかけを行い、反応を待っている今の段階で期限を区切ることは、交渉を行ううえで適切だとは考えない」と語り、当面は再調査に期限を設けるべきではないとの考えを示した、という。

既に八月の段階で九月の再調査結果はないという予防線を張っていたのだ。佳境にあった安全保障関連法案の審議にかまけて、拉致問題を置き去りにしてきたといわざるをえない。

いつまで待てばいいのか？　十数年も経過しているのだから一年やそこらは問題ではない、という論理はまったく通用しない。

一部の専門家のあいだでは、「北朝鮮側はいつでも報告できる状態にある」ともいわれている。その内容が、日本側にとって満足できるものではないため、すなわち日本側の事情で報告を受けないというのだ。

日朝両国とも、ストックホルム合意を「安住の地」として満足しているとしか私には思えない。本当に安倍晋三首相に拉致問題を進展させる気概があるのか、はなはだ疑問である。

私は本書で関係者を断罪することを意図するものではない。しかし、拉致問題がまったく進展しないなか、北朝鮮側に大きな問題があるのは自明だが、日本側の対応にも問題がないか、それをすべて炙り出し、関係者や関係組織について思うところを洗いざらい書いてみようと思った。

私の指摘した内容が、今後、迅速に拉致問題を進展させるために少しでも教訓となれば、このうえなき幸いである。

なお、肩書や名称は特に断りのないかぎり、すべて当時のものである。また敬称は適宜省略させていただいた。

目次◉拉致被害者たちを見殺しにした安倍晋三と冷血な面々

まえがき——日本が北朝鮮の報告を拒む理由　1

序章　「救う会」に乗っ取られた「家族会」

弟が失踪した日　20
同時期に起こった数々の事件　23
まったく動かなかった警察　24
誘拐犯からの連絡を待って　26
両親が学費を払い続けたわけ　29
若いカップル失踪の最初の記事　32
事件は防ぐことができた　34
どんどん小さくなる柏崎の灯り　37
大韓航空機爆破事件で得た手がかり　39
実は拉致を想定していた政府　41
タブーになった弟　42

「家族会」の結成　44
「救う会」に乗っ取られた「家族会」　46
帰国、しかし長い膠着状態　48

第一章　拉致を使ってのし上がった男

「あらゆる手段を尽くす」の罠　52
最悪の事態を想定する時期に　54
プロの外交官が拉致被害者を頼って　55
外務省が発表した日朝合意の中身　58
拉致問題対策本部は蚊帳の外　63
「特別調査委員会」はパフォーマンス　65
北で生きるためのプラス思考とは　68
弟の洗脳を解くために　70
北朝鮮からの小遣いは一〇〇〇ドル　72
拉致被害者を送り返そうとした面々　73

忘れえぬ安倍晋三の冷たい言葉 74
被害者がパチンコに行けない理由 76
まったく効かなかった経済制裁 78
アイデアを募集する拉致対策本部の愚 80
議員はツーショット写真アップで終わり 83
拉致問題を最も政治利用した人物とは 84
民主党への政権交代の意味 86
松原仁拉致担当大臣の軽挙妄動 89

第二章　被害者死亡を認めた首相の大罪

外務省の「自民党以外はダメ」 96
なぜＮＨＫが先に知っていたのか 99
平壌で首相を待っていた被害者たち 102
死亡の証人・駐英公使の無知 104
「ヘルプで」被害者の死亡確認に 106

拉致問題に興味のない記者を前に　109
「総理は死亡を確認されたのですか？」　110
「首相と同じものを飲んでいいの？」　111
小泉首相を罵倒した「家族会」の失態　113
拉致問題解決の「定義」とは　116
日朝平壌宣言の論理矛盾　118

第三章　拉致被害者を利用したマドンナ

「家族会」の前に現れた高貴な女性　122
中山参与の代わりに「ロジ担」を　123
羽田ＶＩＰ室の人選まで家族が　124
朝日新聞が福田康夫に語らせたわけ　127
拉致被害者の居候暮らしに国は　130
金日成バッジを外すまでの葛藤　132
月に一度でも国から連絡があれば　135

帰国のチャンスを握りつぶした人物　136
当選のために拉致被害者と対談を　139

第四章　情報はゼロの外交官

「安否リスト」の発表が遅れた理由　144
拉致被害者を北に帰したかった局長　147
石原都知事の「爆弾」発言の裏で　149
被害者と家族を尊重しない態度　153
外務省の手柄にならないことは　154
「みな様のご家族の特徴を教えて……」　156
帝京大講師が科警研に囲い込まれた理由　158
拉致を防げず警察庁長官賞を受賞　159
よど号ハイジャック犯からの情報　162

第五章 「救う会」を牛耳った鵺

救世主のように現れた人たち 166
「救う会」は拉致問題を解決したくない 167
ブルーリボンバッジを外した理由 170
北朝鮮侵入・拉致被害者救出の作戦 172
五〇〇〇万円の軍資金で北朝鮮上陸を 174
朝鮮学校への授業料無償化に対して 175
「救う会」の内部抗争の果てに 177
一部の「拉致議連」メンバーとも袂を分かって 179

第六章 政治家を怖れるマスコミの罠

「字が間違ってます」だけで返答はなし 184
実家で一日撮影しても放送せず 185

「NHKニュース10」と自民党の関係 188
NHK会長の意向を忖度するキャスター 190
「クローズアップ現代」での政府批判の結末 193
マスコミは「いつ北に戻るか」だけを 194
「家族会」に夢を追わせた罪 195
視聴率至上主義が作る不幸な人々 198

第七章　カンパを生活費にする男

「家族会」も応援しない立候補 202
カンパが被害者に渡らないカラクリ 205
「横田ファンド」とは何か 206
小池百合子議員のカンパ金の行方 208
なぜマスコミは萎縮するのか 210
弟が語った横田めぐみさんの真実 212
めぐみさんの母は弟の情報を信じずに 215

横田滋さんとの確執　216
孫との面会を平壌で行うべき理由　217
韓国の「家族会」の事情とは　219
膝を屈しても国民を守るアメリカ　220
「家族会」の右傾化を指摘されて　222
「変節者」「国賊」と呼ばれ　224
「家族会」から除名された理由　225

第八章　「家族会」を過激にした張本人

「家族会」の方針転換の裏側　228
テレビ朝日のトイレでハマコーは　229
「競馬三昧の日々を送る事務局長」　232
横田滋さんの訪朝を制止した理由　234
日朝の約束を反故にした張本人とは　235
複数のルートから訪朝の依頼が　237

「安倍さんは実に罪作りだ」 238
謎が残る横田めぐみさん拉致の理由 239
過去の清算と拉致問題をセットに 242
日朝のために日米関係を俎上に 244
歴史が証明したこと 247

特別対談——拉致問題の現在と最終解決 青木理&蓮池透

聖域化した「家族会」と「救う会」 250
平壌で見たメディアの萎縮 251
変質していった「家族会」 252
「救う会」のカネと主導権争い 254
朝鮮総連に対するメディアの配慮とは 257
共同通信は支局開設の許可を「家族会」に 260
田中均は被害者の生死を知っていたのか 263
日朝首脳会談における金大中の役割 265

クリントン政権が続いていたら日朝は　267
北朝鮮の不安を取り除いたとき　268
めぐみさんはいま何をしているのか　271
中韓との関係改善なくして拉致問題は　273
拉致問題解決の「定義」を　276
独裁政権の「利点」とは何か　278

あとがき——「過去の清算」とともに拉致問題解決を　280

拉致被害者たちを見殺しにした安倍晋三と冷血な面々

序章　「救う会」に乗っ取られた「家族会」

弟が失踪した日

弟の薫（かおる）がいなくなったのは、忘れもしない一九七八年七月三一日のことである。

弟は東京の中央大学法学部の三年生で、夏休みを利用して、新潟県柏崎市の実家に一〇日間程度の予定で帰省していた。私はそのとき、東京電力福島第一原子力発電所に勤務（福島県双葉郡富岡町に居住）していたので、柏崎では弟に会っていない。

私たちは三人きょうだいで、薫の下に妹がいるのだが、その妹が出場するテニス大会が福島県いわき市で開催されるため、弟と母が一緒に翌日の八月一日に福島を訪れる予定になっていた。私はみんなで妹を応援するのを楽しみに待っていた。

八月一日の朝、突然、母のハツイから電話がかかってきた。「もう出発しなければいけないのに薫がいないんだよ」という。多少、狼狽（ろうばい）していたようだが、差し迫った問題と考えている風ではなかった。

弟は麻雀（マージャン）が好きだったから、またどこかで徹夜麻雀でもしており、友だちの家で寝てしまっているのではないかと、その程度の気持ちでいた。

「とにかく、いろいろな友だちのところへ電話して聞いてごらんよ」

と母にいった。しかし、

「友だちのところとか、目ぼしいところには電話してみたんだけど……」

と母。「もっとやってみたら?」というしかなかった。

弟が残していった手帳に書いてある住所や電話番号などには連絡を取ってみたのだが、弟はいない。それを聞いて、軽い気持ちでいた私も、だんだん心配になってきた。

母によれば、弟は、七月三一日の夕方五時半ごろ、祖母の自転車を借り「ちょっと出かけてきます」といって、実家を出ていったそうだ。あとでわかったのだが、市内の喫茶店で、のちに妻となる奥土祐木子(おくどゆきこ)と待ち合わせ、二人で柏崎の海岸へ出たというのである。

祐木子は地元出身で、かなり前から弟と交際していたらしいのだが、家族はそのことを知らなかった。当然、私も知らなかった。そのため、徹夜麻雀のあと泥酔してどこかで寝てしまっている程度のことしか頭になく、多少なりとも心配したものの、「困ったヤツだ」というくらいの認識でいた。

ところが、一日、二日経っても弟は帰らない……でも乗っていった自転車は失踪の翌日、市立図書館の駐輪場で見つかったのである。なぜか自転車はロープで支柱に結わえ付けてあったという。遺留品といえばそれだけだった。

柏崎は海岸沿いの町で、二人が待ち合わせたという喫茶店も市立図書館も、海岸の近くにある。喫茶店を出て自転車を押していき、図書館の駐輪場に置いて、三〇〇メートルほど先の海岸まで歩いていった。そして、あの事件に巻き込まれるわけだが、これらは弟と再会して初めて知った話だ。

私も弟と仲のよかった友だちに片っ端から電話をしてみた。「僕は東京にいますから会っていません」、あるいは「この夏休みは帰省していません」などと残念な答えばかりで、手がかりは得られなかった。

そうこうしているうちに、祐木子と弟の共通の友人が、「実は祐木子さんもいなくなったんだよ」と知らせてくれた。この時点で初めて、二人が交際しており、一緒にいなくなったということを知った。

こうして蓮池家と奥土家は、初めて顔を合わせることになる。蓮池家には「あの女に騙(だま)されて」という思いがあったし、奥土家には「薫がどこかに連れていった」という気持ちがあったのは間違いない。しかし、そのときはしばらくすれば二人は帰ってくるだろうくらいに、みなが考えていたのである。

その三日後、両親は新潟県警柏崎警察署に捜索願を出した。ただ、二人とも成人であることと、両親もまだ職に就いていたことから、匿名(とくめい)捜査を依頼した。

後述するが、警察の動きは私たちには納得のいくものではなかった。事件や事故ではないとの判断が働いていたからなのか、警察が本気で捜査をしたという事実はない。

横田めぐみ（右端）、北朝鮮での夫と娘とともに

同時期に起こった数々の事件

いま考えてみれば、こんにち「拉致被害者」と政府に認定されている一七人のうち一〇人が、この時期に行方不明になっていたのである。しかも、同じ新潟県内では、一九七七年に一三歳の少女が失踪していたことが、かなり知られていた。横田めぐみさんだ。

母もその事件を覚えており、「新潟市で女子中学生がいなくなったことがあったよね」と話していたが、弟たちの失踪との関連性までは思いが及んでいなかった。

めぐみさんの場合、中学生であったことから、警察による大捜索が行われた。弟たちと同じ七月に行方不明になった地村保志さんと濱本富貴恵さんの二人については、乗っていた車が不自然な形で駐車してあったことから、積極的な捜索が行われたと聞いている。鹿児島の市川修一（いちかわしゅういち）さんと増元るみ子（ますもとるみこ）さんの場合も、サンダルが片方だけ残されていたという理由から、やはり警察が徹底的に捜索した。

しかし、弟たちのケースでは、とにかく遺留品がない。自転車だけだ。加えて匿名捜査であったこともあり、新聞の記事にもならなかった。

「捜索願い出したんだって？」

捜索が行われる気配も感じられないので、確認するように、そう私は母に尋ねた。

「うん、ただ匿名でね。駆け落ちの可能性はありませんか、と警察の人にいわれたよ」

「何で匿名なの？　実名出さなきゃ、警察だって本腰入れて捜索しないよ」

「世間体（せけんてい）もあるからさ、しょうがないんだよ……」

母もどうしたらよいのかわからないという感じだった。いまから見れば「世間体」などといっている場合ではない、そう思われるかもしれないが、失踪の原因がまったくわからなかった私たち家族にとって、何が正しい選択なのかなどと考える心のゆとりはなかった。

まったく動かなかった警察

柏崎の夏場の海岸は波が静かで、夕日が日本海に沈むことから、景勝地として知られている。そこはデートスポットであり、子どもの遊び場であり、お年寄りの散歩場所でもある。海水浴客が休憩や食事をする「海の家」も数多くあったことから、私たち家族は、手分けして若いカップルについて聞いて回った。

その範囲はしだいに広がっていき、柏崎市内を越えて、八〇キロほど離れた新潟市付近まで及んだ。また「海の家」のみならず、海岸近くの季節旅館にも足を伸ばし尋ねて回った。もしかしたら、そこで働いているのではないか、と考えたからである。

とにかく警察は捜索してくれないので、自分たちで捜すしかない。両親は、仕事が休みの日はすべて、弟を捜し回っていた。しかし、まったく消息は得られなかった。

二人が「駆け落ち」したのではないかという可能性についても考えた。しかし、まだお互いの両親が二人の交際を知らない段階だったので、そもそも駆け落ちの前提が存在しなかった。

また、駆け落ちをするには、お金や着替えなどが必要となり、相当大きな荷物を持っていかなければならない。ところが何の準備もない……弟の服装は、半袖のTシャツにズボンとスニーカーといったものだった。そして、なけなしの一万円札を持って。

貯金通帳、キャッシュカード、運転免許証、着替えなどは、すべて実家に残されていた。そして、テーブルの上にはもう郵送できるようになっていた大学の課題レポート。そのような状況で、二人が駆け落ちなどするわけはない。これが、友人と徹夜麻雀をしていたのではないかと考えた所以(ゆえん)である。

祐木子は、柏崎市内で化粧品会社の美容部員として働いていた。仕事が終わり、「今日は薫さんに会う」と告げ、勤務先を後にしたという。夏向きのワンピースを着て、ハンドバッグには財布と化粧品程度しか入っていなかったはずで、彼女の同僚の話では、遠くへ行くという雰囲気はなかったそうである。

何の消息も得られず、まさに雲をつかむような手応えのなさ。もし身代金目的の誘拐であれば、「金を出せ」などの犯人の要求があるはずだ。そうであるならば、警察も本気で動くであろう。しかし、そうしたことは一切なく、消息がぷっつりと途絶えたまま。我々が目にできるのは、弟が残していった自転車だけだった。

海岸で消えたのではというのは憶測に過ぎず、失踪の現場がどこかすらわからず、ただただ時間だけが過ぎていったのである……。

誘拐犯からの連絡を待って

弟がいなくなった当時、父は教師、母は柏崎市役所の職員だった。父は学校が夏休みだったが、母は弟が行方不明になったため、福島行きの切符をキャンセルし、次の日から仕事に行った。職場にいながら悶々としていたと思う。私は八月中旬、当時勤務していた福島県から帰省する予定だった。

弟はそのうちふらっと戻ってくるのか、重大な事件に巻き込まれてしまったのか、何も手がかりのないなか、私たち家族は気持ちをどのような方向へ持っていったらよいのか、まったくわからなかった。いっそのこと誘拐犯から身代金の要求があったほうが、どれだけ楽だろう、そう考えさえしていた。

父は長いあいだ小中学校の教師を勤めたあと、当時は地元の養護学校（現在の特別支援学校）の教師をしていた。息子の心配をあまり口にはしなかったが、黙々と自ら捜索していた。

蓮池薫

一方、母からは、福島にいる私にたびたび電話がかかってきた。

「今日も帰ってこなかった。本当にどうしたんだろう」

「…………」

私も返す言葉が見つからなくなっていた。

しかし時折、私からも電話をかけた。

「何か手がかりあった？」

「何もないよ……」

時間が止まっているような気がして、胸が詰まった。まさに狐（きつね）につままれたような感じだった。

当時の実家は、祖父、祖母そして両親の四人暮らし（妹は新潟市の高校の寮に入っていた）。祖父母は孫のことを非常に心配していたが、祖父はその後、結局、孫の顔を見ることなく他界してしまった。一方の祖母は、二四年間待ち続けて再会することになるが、孫の顔を見て気が緩んだのか、その一年後に亡くなった。

弟がいなくなってからの一年、両親は仕事が休みのたびに広範囲を捜し回り、私もできる限りのことをしていたつもりだ。一方、警察からの情報は、一切もらったことがなかった。

そこにいるはずの弟がいない、それはなぜかと思うと、無性（むしょう）に腹が立った。こんな気持ちは、同じ目に遭った人間でなければわからない。両親とも昼間は仕事をしているため、少しは気が紛（まぎ）れたかもしれないが、仕事が終わったあとは、ずっと息子のことを考えていたはずだ。

横田めぐみさんの母親の早紀江（さきえ）さんは専業主婦だったため、夫の滋（しげる）さんが職場へ、そして息子さんたちが学校へ行ったあとは家に一人残され、何度死のうと思ったかわからない、そう話していた。

両親が学費を払い続けたわけ

弟は小さいころから「お兄さんがいったことに反抗するんじゃない」と、両親はもちろん祖父母にもいわれていた。私のいうことを聞かざるをえない状況であったことから、弟には「何くそっ」という反骨精神のようなものが芽生(めば)えていたようである。

しかし、兄弟の仲は良くも悪くもなく、普通だった。

弟は、中学時代は野球に没頭していた。弟が野球少年だったことは、帰国後にキャッチボールをする姿が報じられたので覚えている方も多いと思う。それが、高校生になると一転、どのような心境の変化があったのか、演劇部に入るといい出した。もともと、あまり周囲にどう思われるかなどは気にしない人間なのだ。

弟が高校の修学旅行に祖父のレインコートを着て行ったのを覚えている。そのころ、ヨレヨレのレインコートを着た刑事が主人公の「刑事コロンボ」というアメリカのテレビドラマがはやっていた。ひょっとしたらその影響だったのかもしれないが、いまでいう古着、着古した洋服を好んで着ていた。

良くいえば、せかせかせずマイペースでのんびり屋。悪くいえば、ずぼらだったように私には見えた。後述するが、いまの弟はそういう点において、大きく違う。少なくとも私には、変わったように見える。

当時の弟についてさらに話を進める。弟は高校卒業後、中央大学法学部に進学する。学生時代の弟は政治にはあまり関心がなく、野球好きなので大学の体育でも野球を選択し、その成績だけは良好だった。

私が大学四年、弟が一年のとき、東京・中野のアパートで一年間だけ同居していた。六畳一間だったが、こんなエピソードがある。

ある日私が部屋のカーペットを新調したのだが、弟が麻雀をしてタバコの火を落とし焦がしてしまった。私がひどく怒ったところ、「座布団を敷いておけば見えないじゃないか」というのだ。呆れたものだが、細かいことに気を止めない大雑把な性格が垣間見えた瞬間だった。

弟は名門の中央大学法学部を選んだことからも、将来は弁護士か司法書士になりたいと考えていたようだ。将来、地元で開業することになったら、父に土地を提供してほしいという話もしていた。

父は「いくらでも協力するから頑張れ」と励ました。私と弟、それに妹の三人が家を離れての生活だ。実家は両親と祖父母の四人暮らしになってしまった。弟が帰ってきて地元で開業するというのは、両親にとって、さぞや嬉しい言葉だったのだろう。

そんな弟が大学三年のとき、中央大学は東京・千代田区から八王子市に移転した。こうして弟は、中野から八王子のアパートに引っ越すことになったのだ。

そのため弟の行方がわからなくなった半年後、私は八王子のアパートに帰っているのではないかと期待して、訪ねていったことがある。大家さんに合鍵を借り、「ここにいてくれ」という思いでドアを開けたが、もぬけの殻だった……。

両親は、そのアパートの家賃もしばらく支払っていたが、そう長くは続かずに引き払うことになった。しかし大学のほうは、期間満了で除籍となるまで学費を払い続けた。そうしないと、弟が帰ってくるのを諦めたことに等しいという考えがあったのだろう。

弟がいなくなって一四年後の一九九二年、両親は定年退職となり、毎日、家にいる生活が訪れた。一日中息子のことを考えているため、両親が急速に老け込んでいくのが目に見えてわかった。父は頭髪がいっぺんに薄くなった。母も徐々に顔の血色が悪くなっていった。

自分を支えていくだけで精一杯の生活……たとえ死体でもいいから出てきてほしい、お骨にして弔ったほうが気が楽だとさえ考えてしまう。

もちろん、死がはっきりしたときは悲しいであろうが、時間が経過すればある程度、気持ちの区切りだけはつけられるかもしれない。生きているのか死んでいるのか、まったくわからない蛇の生殺し（なまごろし）のような状態は我慢できなかったのである。

拉致被害者の家族のなかには、親族の安否が不明のまま死亡とみなして葬式を出した人たちがいた。また、悪用されるのを恐れ、戸籍を抹消した人たちもいた。これは、北朝鮮の関与がほぼ明らかになったあとのことだが、いなくなった人の戸籍を乗っ取ってパスポートを取得し、工作員として活動するケースがあったため、止むをえないことだった。

私の母は市役所勤務だったことから、失踪期間が長期にわたる場合、役所の権限で住民票から消去される、いわゆる職権消除というものがあることを知っていた。それを避けるため、母は弟の住民票を自分の妹の居住地である渋谷区に移し、区長に細かい事情を説明する手紙を出すなどして、職権消除を免れた。

もし消除措置（そち）が下され住所不定になってしまったならば、本当に弟がいなくなったことになると思ったのであろう。その気持ちを察すると、不憫（ふびん）でならない。

若いカップル失踪の最初の記事

弟がいなくなって二年後の一九八〇年一月、「サンケイ新聞」が、若いカップルが短期間のうちに何組も消えているという記事を一面に掲載した。新潟、福井、鹿児島での失踪事件、富山での未遂事件について、「外国情報機関が関与？」と報じたのである。

記事を書いたのは阿部雅美（あべまさみ）さんという男性記者で、私の両親にも取材したし、他の被害者宅も当たっており、相当の確信を持って報道したと語っていた。

私はこの記事を読んで、弟たちの他にもいなくなった若い人たちがいることを初めて知った。だが、その記事を読んでも、弟の失踪が外国の情報機関の仕業（しわざ）だとは、にわかに信じることはできなかった。いま考えてみれば大スクープではあるのだが、私にも両親にも、弟が外国の機関に拉致されたというのは、自分たちの想像の範囲を超えていた。

この記事については、一度続報が出たものの、あとを追うマスコミはなかった。結局、この記事に書かれたように、外国情報機関と弟との関係を結び付けることはできずに終わった。地元では、「蓮池の次男坊はＵＦＯに連れ去られた」と噂（うわさ）されるなど、私たち家族は異常な状況に追い込まれた。

母は、横田めぐみさんの事件との関連を考えていたようだが、私は、中学生だった横田めぐみさんの事件は金目当ての誘拐の可能性があると思っていたため、弟のケースとは関係ないと考えていた。

ある日、私は妹にこう話しかけた。

「おい、俺たちは二人兄妹だったことにしよう」

「どういう意味？」

妹は戸惑う表情を見せた。

「つまり、だ。薫はいなかったたってことだ」

「薫はいないって、いなくなったたってこと?」

「いなくなったんじゃなくて、最初からいなかったんだ」

「最初から?」

「親父やお袋を見ていると、もう辛くてな」

「そういうことね……」

両親は、弟は必ずどこかで生きていて必ず帰ってくるとの思いを持ち続けていたが、手がかりがない状況があまりにも長く続き、塞ぎ込む姿を見せた。それを見るに見かねて、私はそういったのだった。

しかし、私の言葉はかえって両親を悲しませることとなった。

「子どもは二人だったことにしようよ」

思い切って切り出した私に、母親は表情を変えていった。

「何て馬鹿なことをいうんだい、悲しいよっ……」

事件は防ぐことができた

かつてはテレビで家出人捜索番組というものがあった。弟が失踪して七、八年後だったと思う。両親は、TBSの番組に出演した。弟の写真を示して、「薫、このテレビを観ていたら連絡ください」と、カメラに向かって訴えたのである。しかし、まったく情報は寄せられなかった。

それから数年後、今度は日本テレビの同様な番組に出演した。他に四組の家出人家族が出演しており、それらの人たちには視聴者からどんどん電話がかかってくる。しかし、両親のところには電話が入らない。

ようやくかかってきた電話の一本は「東京・山谷で見た」、もう一本は「名古屋のパチンコ屋で見た」というものだった。いずれも、曖昧な情報であったが、それでも両親は山谷の木賃宿を、弟の写真を持って回った。しかし、何の情報も得られなかった。

私は、次の週末の早朝、名古屋を目指し新幹線に乗った。車中で「名古屋といえばパチンコ発祥の地といわれる、いったい何軒あるのか」と、気が遠くなる思いがした。

しかし気を取り直し、到着後、手当たりしだいにパチンコ店を巡った。弟の写真を見せて、「この人を知りませんか」「こういう人働いていませんか」と尋ね歩いた……終電になるまで捜したが、消息を得ることはできなかった。

弟がいなくなったころ、ほかにもあちこちで忽然と消えた人たちがいたのだが、個々のケースは地元新聞で報道はされたものの、全国的に情報が伝わることはなかった。横田めぐみさんの事件にしても、地元の新潟市あたりでは大騒ぎになったが、全国的なニュースにはならなかった。弟を含む三組のカップルについても「サンケイ新聞」が取り上げたのみで、あとは誰も見向きもしなかった。

当時は失踪者が多く、世間によくある行方不明事件のひとつとして扱われたのだ。ただ、新潟県、石川県、福井県など、日本海側の海岸を中心にしばしば不審船が出没していたことは、警察も把握していたはずである。いまは北朝鮮に関しては敏感だが、当時は北朝鮮の動向を警察が意識するなどということは、なかったのだろうか。しかし、沖合から発せられる船からの電波は、当時から警察にマークされていた。

そんななか、久米裕(くめゆたか)さんが一九七七年九月に行方不明になったとき、久米さんを船に乗せたという在日朝鮮人が石川県警によって確保された。そして実は、この件で石川県警は警察庁長官賞を受けている。しかし、久米さんが自分の意思で船に乗ったのか、無理やり乗せられたのかは明らかにならなかったため、確保された在日朝鮮人は解放されてしまった。

もしこのころ各県警間の協力態勢が整っていたなら、誰かが不審船に乗せられたという情報も共有され、注意喚起もなされ、久米さんと同年一一月の横田めぐみさんの事件、あるいは翌七八年の弟たちの事件などは、防ぐことができたのではないか。そう考えると非常に悔しい。こうしたことを防いで初めて、国民が納得する警察庁長官賞が与えられるべきなのである。

それにしても、無人の海岸線であるならばともかく、浜辺には遊んでいる人もいるはずだ。どうやって大人を何人も拉致していくことができるのか不思議だった。

しかし、拉致に関わる北朝鮮の工作員はプロ中のプロだ。誰にも気付かれないように上陸し、陸地に待機している協力者とともに人気のないところで一瞬のうちに身柄を確保し、袋詰めにして、暗くなるまで岩場の陰などに隠しておくのだという。

夏場の日本海は波がないといっても良いほど静かであるため、小さなゴムボートで接岸し、袋詰めの人を乗せる……母船は沖合に停泊し待機しているわけだが、領海線ぎりぎりのところにいるのだそうだ。

また、沖合から交信のため電波を発していたのだが、なぜそのようなことを堂々とできるのか、まったくわからない。警察もそうした情報は詳（つまび）らかにしない……警察は、どちらを向いて仕事をしていたのだろうか。

どんどん小さくなる柏崎の灯り

弟たちが拉致されたときの様子は、のちに本人から聞いた。祐木子と二人で海岸に座っていたところ、背後に嫌な気配を感じたという。すると屈強な男が、「おい、煙草の火を貸してくれないか」と日本語で話しかけてきた。弟は「いいですよ」とライターを差し出したところ、突然ガツンと殴られた。眉間のあたりを激打されたことから、一時的に視力を失った。

そして体中をロープで縛られ、大きな袋に詰められた。祐木子は、さすがに殴られはしなかったが、ガムテープでぐるぐる巻きにされ、やはり大きな袋に入れられた。二つの袋は人目につかないところに隠され、暗くなるまで工作員が見張っていたという。

その間、弟は誰かが近寄ってきた気配を感じたらしいのだが、工作員が「こっちへ来るな」と追い返した。また、祐木子の靴の片方と財布が海岸に残されていたはずだと、弟はいう。

いまさら何をいっても後の祭りなのだが、もしあのとき警察が初動捜査を行っていれば、目撃者や自転車以外の遺留品が発見された可能性は十分にあったのだ。

……辺りが真っ暗になり、弟たちは接岸してきたゴムボートに乗せられ、ゆらゆら揺れながら沖の母船まで連れていかれた。その途中で袋の隙間から、柏崎の街の灯りが見えたという。

その灯りが揺れながら、どんどん小さくなっていく。

「いったい何をされるのだろう、どこへ行くのだろう」と、不安が募るばかりだった。

二人は、母船内では別々にされた。弟は船酔いに悩まされたらしい。
二、三日かかって着いたのは、北朝鮮の清津（チョンジン）という港町。この街の灯りも見えたそうだが、柏崎のそれに比べなんと冷たいのだろう、と感じたそうである。
二人は別々にされていたため、「祐木子はどうした?」と尋ねると、「必要がないから、日本に返した」といわれた。祐木子も同じことをいわれたらしい。二人で連れてこられたと思っていたので、少しだが気が楽になったことを覚えていると、弟は語っている。

ところが実際は、二人とも北朝鮮におり、二年ほど経過してから突然再会させられる。「結婚しないか」と、いきなり引き合わされたのだ。

大韓航空機爆破事件で得た手がかり

弟の失踪が北朝鮮の犯行によるものだという確信は、二〇〇二年に小泉純一郎首相が北朝鮮を訪問するまで、まったくなかった。ただ、最初に「おやっ?」と思ったのは、一九八七年の大韓航空機爆破事件が発生したときのことである。

このとき犯人の北朝鮮工作員、金賢姫（キムヒョンヒ）が捕まり、北朝鮮で日本から拉致されてきた李恩恵（リウネ）という日本人女性から日本語や日本の習慣を身につける教育を受けたと証言したのだ。「北朝鮮は日本人を拉致するのか」と思った。しかし、「俺の弟がまさか」という気持ちもあ

金賢姫

り、確信を持つには至らなかった。

一九八〇年に「サンケイ新聞」で記事を書いた阿部記者とは、連絡を取り、話を聞いていた。より詳細な情報が欲しかったのだが、記事以上の情報はないという回答には意気消沈した。

そして「サンケイ新聞」の続報が出て以降も、大韓航空機爆破事件が起きて大騒ぎになるまで、マスコミは日本人の拉致に関する内容を取り上げることはなかった。

しかし、大韓航空機爆破事件が起きるとすぐに週刊誌が飛びついた。当時、李恩恵が田口(たぐち)八重子(やえこ)さんであることが判明していなかったため、ひょっとしたら祐木子ではないか、あるいは濱本富貴恵さんではないかという憶測が飛び交った。特に、富貴恵さんの「恵」の字が李恩恵の「恵」に一致していることから注目された。

すると、週刊誌の記者が取材で柏崎の実家を訪ねてくるようになった。しかし、一度記事が掲載されても、それを後追いする新聞やテレビはなく、忘れたころにまた週刊誌が取り上げる、その繰り返しだった。

週刊誌の取材では、同じことを、それもあまり触れてほしくないことを聞かれるため、両親にとっては大きな心痛ともなった。こうして両親は、「週刊誌の取材お断り」という張り紙を玄関先に掲示することとなったのだ。

父は、以前から新聞や週刊誌の記事を切り抜いてスクラップするという習慣があったのだが、大韓航空機爆破事件以降、北朝鮮に関する記事はすべてスクラップするようになる。この事件をきっかけに、北朝鮮が弟を拉致したのではないかと疑い始めたからである。

しかし、当時は「拉致事件」ではなく、「拉致疑惑」という段階であり、北朝鮮に目は向いていても、「まさか」という気持ちもあったと思う。

ただ、それまで九年間、一生懸命捜して何の情報も得られなかった状況のなか、金賢姫がもたらした「日本から拉致された人」という事実は、父にとって唯一の心の拠り所となったことは確かである。そして、その情報に一縷の望みを託したのであろう。

実は拉致を想定していた政府

大韓航空機爆破事件の翌年、一九八八年に、梶山静六国家公安委員長が国会で追及され「昭和五十三年以来の一連のアベック行方不明事犯、恐らくは北朝鮮による拉致の疑いが十分濃厚」と答弁した（第一一二回国会、参議院予算委員会）。

しかし、マスコミはそれをまったく取り上げなかった。梶山氏も答弁しただけで、何か行動を起こした記録はない。

その時点で、もしマスコミが大々的に報道し、国が動き始めていたなら、一〇年早く拉致問題は進展したと考えると、悔しい限りである。

梶山氏も根拠なく答弁したとは考えにくい。国際問題に発展する可能性がある重大な発言であり、警察庁の外事警察などの捜査結果に基づいたものと想像される。私たち家族の知らないところで、捜査が行われていたということである。

マスコミがこの答弁を完全に無視したことによって、そのとき私たちは、梶山氏の答弁を知ることはできなかった。答弁したのであるならば、捜査機関が捜査内容と裏付けを当該の家族に通知して然(しか)るべきだと考えるのだが、新潟県警を含め捜査機関から一切の連絡はなかった。

私たちが梶山答弁の存在を知ったのは、なんと二〇〇二年の小泉訪朝以降のことである……。

タブーになった弟

弟の失踪から一〇年以上が経過した実家の様子だが、年寄りはもう神仏にすがるしかなかった。

朝日に拝み、神棚に仏壇に拝み、毎食、陰膳を供え、夕日にお参りし、夜はまた神棚と仏壇に、という一日を繰り返していた。

また、よく当たる占い師がいると聞くと、弟の残していった洋服などを携えて出かけていった。「庭に悪霊が憑いている」といわれ、さっそく庭に白い観音像をお供えし、お祓いをしてもらうなど、さまざまなことをした。

ちなみに、弟の安否について占い師は、「死んではいないが、そう簡単には会えない」といっていたそうである。

このころ、家族のなかでは、弟のことを話題にするのがタブーになってきた。みなひとときも弟のことを忘れることはなく、心配しているのはわかっていた。だが、誰かが口を開き、「薫、本当に、どうしちゃったんだろう」などといったところで、「どこで何をしているんだろう」で話は終わってしまう。その繰り返しになる。みな答えが出ないことはわかっていた。

このようにして、弟の名前を口に出すことが憚られる雰囲気ができあがってしまったのである。

「家族会」の結成

弟の失踪から約二〇年、大手の新聞社やテレビ局は拉致問題を黙殺しており、週刊誌だけが話題にしている状況だった。そのためか、一般の人には「拉致問題は胡散臭い」というイメージが植え付けられ、なかなか関心が高まっていかなかった。大韓航空機爆破事件で李恩恵という人物が浮かび上がり、田口八重子さんとの関係が云々されたときも、梶山答弁があったときも、世の中はまったく変わらなかった。

そのような状況のもと、ついに道が開ける。一九九七年、元北朝鮮の工作員だった脱北者の証言を通じて、横田めぐみさんが北朝鮮によって拉致されたという情報がもたらされたのだ。

こうして、めぐみさんのご両親が韓国・ソウルに渡り、元工作員に面会し、この事実を確認する。私たち家族も、弟は九割がた、北朝鮮に拉致されたと考えるようになった。

そして同年三月二五日、約二〇年という長い年月を経て初めて、拉致被害者の家族が東京・浜松町のホテル「アジュール竹芝」の会議室に集結した。「家族会」の結成である。

石岡亨さんと田口八重子さんの家族は、事情により参加を控えた。世話人は、サンケイ新聞記者の阿部雅美氏、朝日放送プロデューサーの石高健次氏、日本共産党参議院議員橋本敦氏の秘書、兵本達吉氏の三人だった。

「家族会」結成の目的は、もちろん被害者の早期救出であり、そのための署名や陳情・要請活動により世論の関心を高め、政府を動かすことにあった。しかし、会の名称を巡って会議は紛糾する。世話人から、当時は市民権を得ていなかった「拉致」という言葉を入れるという提案があったのだが、有本恵子さんの家族から「うちは拉致ではない、せめて誘拐にしてほしい」との反論が出たのだ。

私は「拉致」という言葉にはあまりなじみがなかった。同時に強烈なイメージを抱いていた。北朝鮮を刺激すると救出に影響が出るのではないかという懸念もあったろう。

しかし結局、「拉致」という言葉を織り込むこととなり、むしろそれを強調する意味で、カギ括弧を付けて『北朝鮮による拉致』被害者家族連絡会」に決定した（後に拉致が明白となった段階でカギ括弧は削除）。そして、会の代表には横田滋さん、事務局には私と増元照明さんが就くこととなった。

私たち家族にとって、それまで祐木子の家族を除いて他の拉致被害者の家族と交流を持つことは一切なかったため、情報の共有はままならなかった。もちろん、連絡を取ることを考えたことがなかったわけではないのだが、実現はしなかった。

それが「家族会」結成により、同じ境遇にある人たちが集まり、同じ気持ちを共有する……気持ちが癒やされて楽になることを、心から実感した。揃って街頭で市民の方々に署名をお願いし、また関係官庁に陳情や要請をすることにより、弟は帰ってくるのではないかと、希望を持つことができるようになったのだ。

一筋の光明(こうみょう)が見えた。それまで疲れきっていた両親には、「家族会」のさまざまな活動に参加することによって弟のことを心配して心を痛める時間が少なくなると同時に、活動をしていれば息子に会えるという目標ができた。両親の顔に生気が蘇(よみがえ)ってきたように感じた。

「救う会」に乗っ取られた「家族会」

それからの「家族会」の活動の道のりは決して平坦なものではなかった。

地元新潟では拉致問題への関心が高く、横田、蓮池、奥土の三家族がまとまって署名をお願いすると、多くの方が応じてくださった。一方、東京・銀座での署名活動では、「早期救出を総理大臣にお願いする署名ですから」と説明しても、なかなか協力してもらえない。一時間で一人の署名もないという結果だった。

署名用紙には、名前と住所を記してもらうのだが、特に住所を書くことに躊躇(ちゅうちょ)する人が多かった。「書くとまずいことは起きませんか」と聞かれることもしばしばであった。

まだ人々の受け取り方は、拉致は疑惑であり、ことによると「でっち上げ」だったのである。「北朝鮮」というと、何か不気味で、あまり触れたくないというイメージを持つ人も多かったのであろう。しかしなぜか、東京・銀座のような大都市よりも、地方都市のほうで関心が高かったということが、印象深く記憶に残っている。

その後、拉致被害者の一部帰国まで五年の歳月を要することになるわけだが、時間の経過とともに、「いったい何人の総理大臣や外務大臣に会ってお願いすればいいのだろうか」「何人の署名を集めれば政府は動くのだろうか」という、徒労感が湧いてきた事実は否めない。

それでも、関係省庁への陳情や要請、地方議会への働きかけ、中央大学への弟の学籍回復の請願、国連人権委員会への訴え、時には座り込みやデモ行進といった過激な行動など、ありとあらゆることを継続して行った。両親も毎週末、新潟市まで赴き、署名を募った。

河野洋平

当時、現在では考えられないことだが、外務省は北朝鮮に米を送る支援活動を行っていた。河野洋平外務大臣も、「米を与えて北朝鮮を対話のテーブルに就かせなければ事は進まない」という方針を表明していた。しかし「家族会」の主張は、日本政府は北朝鮮に対して毅然とした態度で臨むべきである、というものだった。

そこには、支援組織「救う会」(「北朝鮮に拉致された日本人を救出するための全国協議会」)の意向が大きく影響していた。「北朝鮮には厳しく対処するべきだ」という「救う会」の強硬な考え方は「家族会」に深く浸透していたのである。いや、五章で詳述するように、「家族会」は「救う会」に乗っ取られてしまっていたといっても過言ではない。「なぜ米を送るのだ」という不満が「家族会」から出るのは当然のことだった。

そして、ついに二〇〇二年、小泉首相の電撃訪朝を迎えることとなる——。

帰国、しかし長い膠着状態

二〇〇二年九月一七日、小泉純一郎首相と金正日総書記の首脳会談が行われた。その席で、金総書記は拉致を初めて認め謝罪した。拉致は「疑惑」でも「でっち上げ」でもなく、事実だったのである。秘密があばかれた、歴史に残る日となった。

その日から、日朝関係は急速に接近していくかのように見えた。日朝平壌宣言が発表され、国交正常化へ向けて動き始めたからである。

しかしながら後述するように、両国間に横たわる拉致問題の軽視が原因となり、その動きは頓挫した。と同時に、それ以前は北朝鮮に関してまったく無関心だった日本の世論が、一気に北朝鮮批判へと傾いていった。「北朝鮮（朝鮮民主主義人民共和国）」と、つねにカッコ付で正式国名を併記していたマスコミも、「北朝鮮」だけで済ませるようになった。

あれから十数年の月日が経過した。非常に長い時間である。弟に会えなかった期間が二四年であるので、その半分以上の時間が経過したことになる。

その間、二〇〇二年一〇月一五日、弟たち拉致被害者五人が帰国、二〇〇四年五月二二日には、弟および地村さんの子どもたち五人が帰国、二〇〇四年七月一八日には、曽我ひとみさんの子どもたち二人と夫のチャールズ・ジェンキンスさんが、インドネシア・ジャカルタ経由で帰国・来日した。しかし、それ以来、拉致問題は膠着状態にあり、何の進展もない。

完全に袋小路に入り込んでしまったのだ。

途中、政界では民主党への政権交代という大きな変化があったが、拉致問題の状況はまったく変わらなかった。現在、日朝関係は必ずしも良好とはいえない。

日本政府が事態進展のために信頼関係の醸成を試みてきたかといえば、決してそうではない。ただ互いに憎悪をぶつけ合い、「拉致被害者を早く返せ」「いや、解決済みだ」と、一方的な主張の応酬を繰り返してきただけである。あまりにも感情的で、理性的な対応は見てとれず、明るい未来など見通すことはできない。

しかし、被害者の家族にとっては、もう一刻の猶予もないのである。

第一章　拉致を使ってのし上がった男

「あらゆる手段を尽くす」の罠

安倍晋三首相は、二〇一五年四月二六日、東京・日比谷公会堂で開かれた「家族会」や「救う会」などが主催する「国民大集会」で、拉致問題解決のため「あらゆる手段を尽くしてまいります」と挨拶した。

この台詞をいままで何回聞いたことだろう。はっきりいって、私は聞き飽きた。本当に「あらゆる手段」を講じているのかも、はなはだ疑問である。

二〇〇二年に小泉首相が電撃訪朝し、「拉致」が事実であったことが白日の下に晒されてから十数年、日本政府が使う言葉は変わらない。「あらゆる手段を尽くす」という常套句のみだ。

小泉訪朝に同行した当時の安倍官房副長官は、拉致問題を追い風にして総理大臣にまで上り詰めた。この第一次安倍内閣で講じた手段は（第二次内閣も含めて）、北朝鮮に対する経済制裁と拉致問題対策本部の設置……この二つのみである。それらの効果や影響については後述するが、果たして「あらゆる手段」に相当するのか？　それは「否」である。

憲法解釈の変更によって集団的自衛権の行使を可能にし、なし崩し的に安保法制を制定、自衛隊を地球規模で派遣できるようにする……こうした強い意志を表明するため、二〇一五年の訪米時には上下両院の演説でこれを約束し「フライング」を犯した安倍首相。ただ、拉致問題に対しては、これほどの気概があるかどうかは、大いに疑問である。

世間では北朝鮮に対して当初から強硬な姿勢をとり続けてきたと思われている安倍首相は、実は平壌で日本人奪還を主張したわけではない。この事実は、本書の特別対談でも、ジャーナリストの青木理（あおきおさむ）氏が明らかにしている。安倍首相は拉致被害者の帰国後、むしろ一貫して、彼らを北朝鮮に戻すことを既定路線として主張していた。弟を筆頭に拉致被害者たちが北朝鮮に戻ることを拒むようになったのを見て、まさにその流れに乗ったのだ。そうして自分の政治的パワーを増大させようとしたとしか思えない。

安倍晋三

いままで拉致問題は、これでもかというほど政治的に利用されてきた。その典型例は、実は安倍首相によるものなのである。

まず、北朝鮮を悪として偏狭なナショナリズムを盛り上げた。そして右翼的な思考を持つ人々から支持を得てきた。

アジアの「加害国」であり続けた日本の歴史のなかで、唯一「被害国」と主張できるのが拉致問題。ほかの多くの政治家たちも、その立場を利用してきた。しかし、そうした「愛国者」は、果たして本当に拉致問題が解決したほうがいいと考えているのだろうか？　これも疑問である。

　これといった特効薬もなく、だらだらと長引いている拉致問題。国民の関心も、世代交代によって薄れつつある。拉致被害者は、このままでは本当に見殺しだ。どうしたらいいのだろうか。

最悪の事態を想定する時期に

　まず考えなければならないのは、拉致問題の「解決」とは何か、ということである。「被害者の方々と家族が抱き合う日が訪れるまで私の使命は終わりません」と安倍首相はいうが、それはあまりにも感情的、情緒的に過ぎる。拉致の直後ならば話はわかる。しかし、もう想像しがたい年月が経過しているのだ。

　被害者は、最も若いあの横田めぐみさんでさえ、五〇歳を超えた。その他の方々は六〇歳前後になる。しかも、彼(か)の地で家族をつくって生活している可能性が高い。

　現に曽我ひとみさんは、ジェンキンスさんと北朝鮮で結婚し、二人の娘さんをもうけた。横田めぐみさんも、やはり韓国から拉致された金英男(キムヨンナム)という男性と結婚したことがわかっている。北朝鮮の人と結婚している人もいるであろう。

その家族のなかから当事者だけ帰国するということが可能なのか。北朝鮮で築いた家族の絆が、帰国で引き裂かれてしまうことにならないか。往来が自由でない両国間の関係であるからこそ、心配になる。

また、誤解を恐れずにいえば、残念ながら最悪の事態を考慮せざるをえない時期に来ている。想定したくはないが、万一のケース、すなわち拉致被害者が死亡しているケースについてどう対処するのか、日本政府は検討の範囲に入れているのであろうか。

家族が感情的になるのは至極当然のことである。しかし、政府が感情で外交を行ってもいいのだろうか。「家族会」「救う会」の意向によって右往左往してはならない。理性的になるべきである。「政府がやるので、あなたがたは黙ってリビングでテレビでも観ていてください」、そういった頼りがいのある言葉を聞いてみたいものだ。

プロの外交官が拉致被害者を頼って

では、拉致問題の「解決」をどのように定義すればいいのか。これは一国の首相が判断すべきことであろう。

政府認定拉致被害者一七名のうち五名が帰国したのだから、残りの一二名が帰国すれば解決なのか。それとも安否が確認されればよいのか。または、特定失踪者といわれる九〇〇名近くの方々にまで明確な調査を義務付けるのか。

それには、理性的かつ現実的な判断が求められる。あとで詳しく述べるが、「解決」の定義を明確にし、家族や国民に周知する。そして、その定義を北朝鮮に提示し同意を得ることが必須である。そうでなければ、北朝鮮との協議はエンドレスになってしまう危険性が大きい。

そうした意味では、二〇一四年五月の日朝合意は、本当の意味での合意ではなかったといえる。なぜなら、お互いのゴールが一致していなかったからだ。

「北朝鮮側は拉致被害者、特定失踪者、日本人妻、残留邦人、太平洋戦争終戦前後の遺骨調査と、すべての問題について再調査する代わりに、日本側は独自制裁の一部を解除する」というのが合意内容であった。しかし、すべての関係者にとって耳当たりの良いものではあったものの、肝心の「ゴール」についての合意はなかったのである。

これでは、うまくいくはずがない。

当時、政府はマスコミを利用して大いに煽った。何人かの拉致被害者が帰ってくる。なかには二桁の被害者が生存していると報じたマスコミもあった。そのような状況で、外務省の高官が、私の弟を呼び出して意見を聴いたという。

「薫さん、経済制裁を段階的に解除していけば、何人かは帰ってきますよね？」

弟は拉致被害者ではあるが、外交の専門家ではない。その「アマチュア」に対し、職業外交官が質問しているのだ。日本の外務省に生まれる外交官は、ワインの味にだけプロになるというのは、本当のことかもしれない。

「……それは、ちょっと甘い考え方じゃないですか」

弟は、そう答えるしかなかった。すると、高官たちは青ざめてしまったという……。

もちろん弟は、「外務省には何の展望もない、あまりに無策だ」といって嘆いていた。

さらに、この交渉は安倍首相肝いりの拉致問題対策本部がまったく関与していなかったことも、大きな問題。その結果は、周知の通りである。

「二〇一四年の夏の終わりから秋の初め」のころに報告があるということであったが、日本側は北朝鮮が報告をしてこないと発表した。しかし実際は、北朝鮮は生存者なし、すなわち「ゼロ回答」をしてきた。それを日本側が受け入れず、妥協案として報告延期となった。そう指摘する専門家が多い。

真偽のほどはわからないが、二〇一五年九月二三日付朝日新聞は、「ゼロ回答」だったというファクトを伝えている。

関連して、民主党政権時代に玄葉光一郎外務大臣が、この件について言及したことがある。拉致問題の解決とは何かはっきりしないといけない、というのだ。なるほどと聞いていたが、それは何かと問われた大臣は、「腹のなかにはあるが、口に出していえない」という……。

また、拉致問題対策本部の政策企画室長に質問したことがある。

「あなたが考える拉致問題の解決とは何ですか」

彼はこう答えた。

「二〇〇二年の実績を質と量で超えることです」

一瞬戸惑った。量というのは何となくわかる。当時は五人帰国したわけだから六人以上か。では、質とは何か?

彼は、「やはり男性より女性でしょう」と答えた。

そうか、やはりめぐみさんかと思って聞いてみたが、明確な返答はなかった。が、それだけで充分だった。日本の政治家や官僚とは、その程度のレベルなのである。

外務省が発表した日朝合意の中身

二〇一四年の日朝合意に再度触れたい。五月二六日から二八日まで、スウェーデン・ストックホルムにおいて日朝協議(日本側代表:伊原純一(いはらじゅんいち)アジア大洋州局長、北朝鮮側代表:

宋日昊外務省大使）が開催された。しかし終了後、伊原局長から協議の結果が公表されることはなかった。

ところが、五月二九日夕、首相官邸で安倍首相がサプライズ会見し、「再調査と制裁一部解除で合意」と発表した。実は、この合意は二〇〇八年、福田康夫政権下で一度なされ、実行に移されなかった経緯がある。「二〇〇八年と同じ合意に戻るのに、なぜ六年も要するのか」と落胆した。

同時に、「再調査など意味がない」とかつて批判していたはずの安倍首相が、なぜ再調査を誇るようにして大々的に発表するのか、それを非常に奇異に感じた。

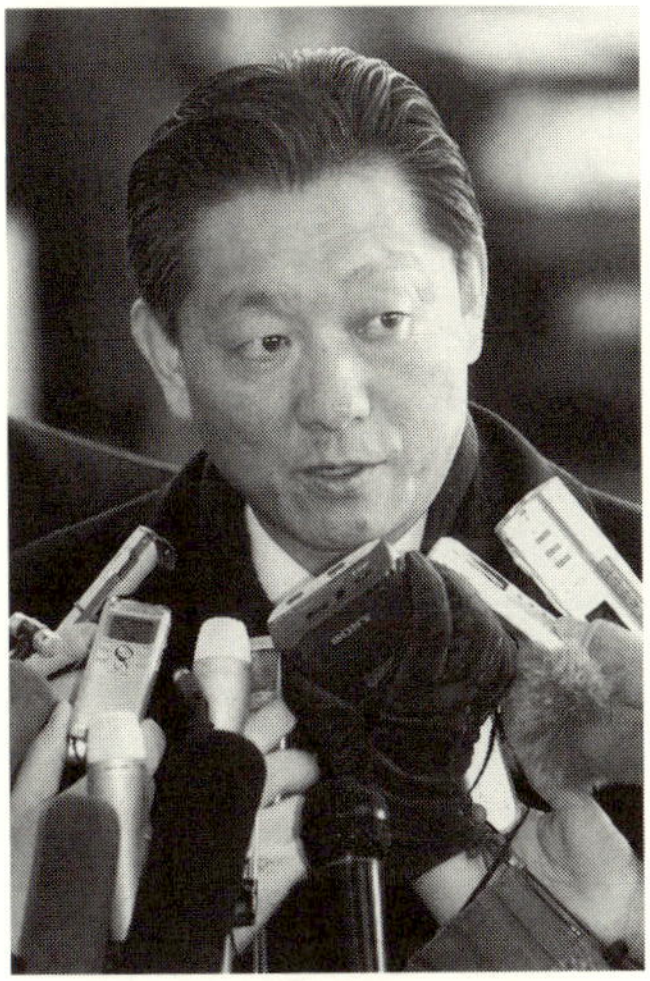

宋日昊

すると翌三〇日、外務省から合意事項が公表された。興味深い内容なので、その全文を以下に引用する。注意していただきたいところには、筆者が波線を引いた。

〈双方は、日朝平壌宣言に則って、不幸な過去を清算し、懸案事項を解決し、国交正常化を実現するために、真摯に協議を行った。

日本側は、北朝鮮側に対し、1945年前後に北朝鮮域内で死亡した日本人の遺骨及び墓地、残留日本人、いわゆる日本人配偶者、拉致被害者及び行方不明者を含む全ての日本人に関する調査を要請した。

北朝鮮側は、過去北朝鮮側が拉致問題に関して傾けてきた努力を日本側が認めたことを評価し、従来の立場はあるものの、全ての日本人に関する調査を包括的かつ全面的に実施し、最終的に、日本人に関する全ての問題を解決する意思を表明した。

日本側は、これに応じ、最終的に、現在日本が独自に取っている北朝鮮に対する措置（国連安保理決議に関連して取っている措置は含まれない。）を解除する意思を表明した。

双方が取る行動措置は次のとおりである。双方は、速やかに、以下のうち具体的な措置を実行に移すこととし、そのために緊密に協議していくこととなった。

―日本側

第一に、北朝鮮側と共に、日朝平壌宣言に則って、不幸な過去を清算し、懸案事項を解決し、国交正常化を実現する意思を改めて明らかにし、日朝間の信頼を醸成し関係改善を目指すため、誠実に臨むこととした。

第二に、北朝鮮側が包括的調査のために特別調査委員会を立ち上げ、調査を開始する時点で、人的往来の規制措置、送金報告及び携帯輸出届出の金額に関して北朝鮮に対して講じている特別な規制措置、及び人道目的の北朝鮮籍の船舶の日本への入港禁止措置を解除することとした。

第三に、日本人の遺骨問題については、北朝鮮側が遺族の墓参の実現に協力してきたことを高く評価し、北朝鮮内に残置されている日本人の遺骨及び墓地の処理、また墓参について、北朝鮮側と引き続き協議し、必要な措置を講じることとした。

第四に、北朝鮮側が提起した過去の行方不明者の問題について、引き続き調査を実施し、北朝鮮側と協議しながら、適切な措置を取ることとした。

第五に、在日朝鮮人の地位に関する問題については、日朝平壌宣言に則って、誠実に協議することとした。

第六に、包括的かつ全面的な調査の過程において提起される問題を確認するため、北朝鮮側の提起に対して、日本側関係者との面談や関連資料の共有等について、適切な措置を取ることとした。

第七に、人道的見地から、適切な時期に、北朝鮮に対する人道支援を実施することを検討することとした。

――北朝鮮側

第一に、１９４５年前後に北朝鮮域内で死亡した日本人の遺骨及び墓地、残留日本人、いわゆる日本人配偶者、拉致被害者及び行方不明者を含む全ての日本人に関する調査を包括的かつ全面的に実施することとした。

第二に、調査は一部の調査のみを優先するのではなく、全ての分野について、同時並行的に行うこととした。

第三に、全ての対象に対する調査を具体的かつ真摯に進めるために、特別の権限（全ての機関を対象とした調査を行うことのできる権限。）が付与された特別調査委員会を立ち上げることとした。

第四に、日本人の遺骨及び墓地、残留日本人並びにいわゆる日本人配偶者を始め、日本人に関する調査及び確認の状況を日本側に随時通報し、その過程で発見された遺骨の処理と生存者の帰国を含む去就の問題について日本側と適切に協議することとした。

第五に、拉致問題については、拉致被害者及び行方不明者に対する調査の状況を日本側に随時通報し、調査の過程において日本人の生存者が発見される場合には、その状況を日本側に伝え、帰国させる方向で去就の問題に関して協議し、必要な措置を講じることとした。

第六に、調査の進捗に合わせ、日本側の提起に対し、それを確認できるよう、日本側関係者による北朝鮮滞在、関係者との面談、関係場所の訪問を実現させ、関連資料を日本側と共有し、適切な措置を取ることとした。

第七に、調査は迅速に進め、その他、調査過程で提起される問題は様々な形式と方法によって引き続き協議し、適切な措置を講じることとした。〉（出所：外務省ホームページ）

拉致問題対策本部は蚊帳の外

まず指摘しておかなければならない。「日朝平壌宣言に則って」とあるが、後述するように、これでは全員の救出は不可能となる。

また「日本人に関するすべての問題を解決」と記されているが、どういう状態になれば解決なのか、明確になっていない。解決の「定義」を明確にすべきであることは前述した。「速やかに」とはいつまでなのか。安倍首相は「拉致問題は最重要課題」、のちに「最優先課題」と強調したが、それはどこに書かれているのか。

合意事項のなか、北朝鮮側での拉致問題は五番目とプライオリティが低いのが気になる。「拉致問題が最優先」とするのであれば、調査を「包括的かつ全面的」としたのは得策ではなかったのではないか。日本は拉致問題に限定するよう、押し切るべきだったのだ。その他の問題を軽視するわけではないが、段階的調査で合意する道もあったのではないか。

これだけの疑問をはらんだ曖昧な合意事項は、真の「合意」ではない。

両者の主張に齟齬が生じることが明白な漠然とした合意事項なのだから、事がうまく進むはずがない。

また、この日朝協議には拉致問題対策本部が形式的には参加したが、実務的な作業はすべて、安倍―外務省直結ラインで行われたらしい。拉致問題対策本部は完全にスルーされ、合意内容は寝耳に水だったのだという。

本来であれば、拉致問題解決のための戦略的取り組みは拉致問題対策本部が主体的に進めなければならず、最低限、外務省と共同で事に当たらなければならない。拉致問題対策本部内部から、「茶番だ」「一度ご破算にするべきだ」といった不協和音が聞こえてくることは、大きな問題だと考える。

心配した通り、「夏の終わりから秋の初めごろ」とされた再調査結果報告の期限は、守られなかった。拉致問題のプライオリティの低い北朝鮮にとっては当然のことなのかもしれない。北朝鮮側は「誰も見つからなかった」という、いわゆる「ゼロ回答」をしようとしたが、日本側が受け入れなかったという説もある。これも前述した通りである。

いずれにしても、北朝鮮側にとって容易な報告でないことは確かだ。拉致被害者を何人か出したからといって、家族や日本国民に称賛されるかといえば、そうではない。逆に、「やっぱり拉致被害者は残っていたではないか、この嘘つきめ。けしからん、もっと出せ」と罵(ののし)られるのは目に見えている。

行方不明者（特定失踪者）も同様で、九〇〇人近くいるといわれているなか、何人か出せば「もっといるだろう」と追及されるのも火を見るよりも明らかだ。

いかに北朝鮮が報告しやすい環境を作るか……これが日本政府にとって大きな課題なのである。

「特別調査委員会」はパフォーマンス

菅義偉(すがよしひで)官房長官が会見で述べたためか、いつの間にか、北朝鮮の再調査結果の報告期限は一年後になってしまった。一つの成果も出せない日本政府は、急場をしのぐため、二〇一四年一〇月に、外務省、警察庁、拉致問題対策本部などで構成される訪朝団を平壌に派遣した。そうして二八日と二九日の二日間にわたって、北朝鮮による拉致被害者の再調査の状況を確認するため協議を行ったのである。

菅義偉

協議には、北朝鮮側が設置した「特別調査

委員会」の委員長以下が参加。各問題を担当する委員が顔を出したが、委員長は徐大河氏、拉致問題担当は姜成男氏、いずれも国家安全保衛部に属する人間だった。

このときは日本からマスコミが同行したため、協議の様子などをテレビで観ることができた。委員会建物の入り口には、ハングルと英文字で表記された金ピカの看板が掲げられていた。しかし会議室内の椅子は統一感のないものが歪に並べられ、什器もまばら、書棚のなかに資料は見受けられなかった。

「まるで取って付けたような物ばかり。急ごしらえで我々はきちんとやっていると必死でアピールしている」、そんな印象を持った。同じ主旨のことをレポートしたＴＢＳの記者が取材拒否を受けたという報道があったが、さもありなんと思われた。

一番気になるのは、肝心の特別調査委員会がどれほどの調査権限を有しているのかだ。それなりのことはできるのであろうが、国家安全保衛部の手が、過去に拉致を担当していた諜報機関が属するといわれる朝鮮人民軍偵察総局にまで及ぶか、疑問符が付く。

調査委員会の発言に気になる部分があった。「目撃者や物証を捜している」という。生存していれば、そのようなものは必要ない。本人が出てくればいいだけの話だ。

日本政府も警察庁の人間を現地に常駐させるくらいのことをしてはどうか。北朝鮮側もそれを認めているのだから。そう強く感じた。

余談であるが、同行したマスコミが平壌から生中継をするのに、一社一回当たり五〇万円かかったらしい。一日二回生中継し、それを五社が二日間行ったとすると、合計一〇〇〇万円になる。日本のマスコミは、北朝鮮の外貨稼ぎの片棒を担いだという話である。

関係筋によると、北朝鮮側は、日本人妻に関する報告をしたいと日本政府に打診したが拒否されたという。「拉致問題が最優先」が、その理由だそうだ。

「包括的かつ全面的」とした以上、本来人権擁護に優先度などない。日本人妻の関係者の気持ちを考えると、気が重くなる。

訪朝団の派遣以降は衆議院選挙、二〇一五年に入ってからは過激派組織イスラム国（IS）による日本人人質の殺害事件の発生、日米首脳会談、安保法制の審議と続き、拉致問題は棚上げされている印象を受けた。

菅官房長官が述べた「一年後」である二〇一五年七月に、北朝鮮側からは何も報告がなかった。すると今度は報告期限を九月に延ばした。北朝鮮側の主張に基づくとそうなるのだという解釈だ。それもすべてマスコミを通じての情報。そして肝心の九月にも、満足な報告はなかった。

「拉致被害者が帰ってくる」と、家族や国民が大きな期待を寄せた二〇一四年の大騒ぎは、いったい何だったのだろう。安倍首相には、「誠心誠意、協議、交渉をした。あらゆる手段を講じた。だが、また北朝鮮に裏切られた。本当にけしからん」とする逃げ道がある。もしそうなるのだとしたら、二〇一四年の一連の動きは、すべて政権浮揚のためのパフォーマンス、拉致問題の政治利用、換言すれば一大茶番劇であったと見られても仕方がない。

首相には、退路を断った、拉致問題に対する本気度を見せてほしかった。

北で生きるためのプラス思考とは

弟を含む拉致被害者五人は、二〇〇二年一〇月一五日、一時帰国という理不尽(りふじん)な方策で二四年ぶりの帰国を果たすことになった。事前の日本政府の説明は、「これは短期間の一時帰国で、次回は家族全員が帰国する約束が北朝鮮側とできている」というものであった。私たちは、「そういうことならば受け入れる」という立場を取った。

そして、あの大騒ぎとなった羽田空港での一時帰国である。二四年ぶりの再会であるにもかかわらず、弟の目に涙はなかった。

いま考えてみれば、彼らの帰国に課せられた責務は、「北朝鮮でいま幸せに暮らしている、ぜひ平壌に足を運んでくれ」と、家族に伝えることであった。幸せに暮らしているのだから、涙を流してしまったら、それを否定することになる。

そういった背景が窺(うかが)われる。ここにも、被害者を母国に帰すのではなく利用する、まったく被害者を人とも思わない、被害者の人権を考慮しない日朝両国の姿が見て取れる。

それを裏付けるように、このとき弟の口から出てきた言葉は、北朝鮮を礼賛(らいさん)、称賛するものばかりであった。と同時に、日本やアメリカを批判していた。

「主体(チュチェ)思想は素晴らしい」

「強大な軍事力で小国を圧倒するアメリカはけしからん、それに追随する日本も同様だ」

「アフガン侵攻は許せない、次はイラクだろう」

……長い間に完全に洗脳されてしまった、そう思った。

しかし、それは北朝鮮で生き延びるための術(すべ)、すなわち処世術だったのである。

日本からの救出はないと諦め、北朝鮮で「生きる」ことを決意した。そのためには、自身のアイデンティティはすべて否定し、当局の意向に全面的に従う、決して逆らわない。そのような態度を取っていれば、少なくとも命を奪われることはないだろう。そういう発想である。

弟は当初、文字通り、当局の指導員のいいなりに行動していたが、時間とともに相手が何を望んでいるのかを推測するようになったという。いわれる前に行動すると、非常に受けがよかった。向こうの組織内でも指導員の評価が上がり、弟たちの待遇も向上する。素晴らしい相乗効果だ。

そのためか、いまでも相手のことを鋭く観察し何を考えているのか洞察する、いわば「読心力」に非常に長けている特性が窺える。昔の大ざっぱな弟とは大違いだ。

「滅茶苦茶、マイナス思考だな」

と指摘した私に、弟は半ば自嘲的に、

「それが北で生きるためのプラス思考なんだよ」

そう反論した。この弟の言葉は、一生忘れることができないだろう。

弟の洗脳を解くために

そのような背景を知る由もない私は、弟の「洗脳」という呪縛を解くことに必死になった。横田めぐみさんの情報だけをご両親に伝える弟に、他の被害者のことは知らないのか、と迫った。残念ながら、そのときは、「横田夫妻を訪朝させるように促してこい」という北朝鮮当局の思惑までは見抜くことができなかった。自分が恥ずかしい。

東京のホテルで停滞する空気のなか、四苦八苦していてもだめだ。そう思った私は、早く新潟県柏崎市に帰ることを提案した。

故郷という大きな懐に抱かれて、昔を思い出してくれないか、自分は日本人であるというアイデンティティを取り戻してくれないか、これは切実な願いだった。弟は素直に私の要求に応じたものの、すぐに態度を変えることはなかった。

そんなとき、「失効している自動車運転免許証の再交付をしてもらえよ」ともいった。ところが、「平壌ではクルマも所有していないし、運転する機会もないから必要ない」と、弟は拒否した。何とか警察に頼み説得してもらった。「あなたの運転免許証が失効し、事実関係がつかめないため、システム上困っている」という陳腐な理由であった。

その際、警察と告げるとあまりに刺激的であるので、運転免許センターと名乗ってくれと、必死の思いで懇願した。こうして警察の配慮により、筆記試験さえ合格すれば再交付されることになった。そして説得の甲斐があり、弟は筆記試験を受けたのだ。

私はさまざまな言葉を弟に投げかけた。恩師や旧友と面会せよ、地元の名所や旧跡を訪問したらどうか、拉致現場である海岸へ行ってみよう、などなどである。

弟と面会する人たちは、まるで腫れ物に触るような感じで、誰も帰国の話題には触れなかった。誰も弟を止めてくれない。逆に同行するマスコミは、「いつ北へ戻るのか」としかいわない。

「家族会」も、五人の被害者が羽田空港に到着したときは歓迎してくれたものの、次第に、自分たちの家族の消息を何とかつかもうとするばかりになった。それも仕方ないことは充分わかっているつもりでも、その姿を見て私は、「『家族会』はもはや五人を被害者とは見ていない、北からやって来た情報源としか思っていないのではないか」と、大いに気を落とした。

北朝鮮からの小遣いは一〇〇〇ドル

もちろん、安倍氏や中山恭子(なかやまきょうこ)(拉致被害者・家族担当、内閣官房参与)氏を含め日本政府は、弟たちを止めることなどしない。戻す約束があるからだ。

両親は、カレンダーを見ながら、戻る日をカウントダウンしているだけ……結局、止めようとしているのは私だけか? 私という小さな「個」が、圧倒的に強大な権力を有する「国家」と闘っている、そう考えるとどうしようもなく悲しくなり、絶望感だけに包まれた。

笑えないエピソードがある。弟は、北朝鮮から小遣いという名目で一〇〇〇米ドルをもらってきていたが、それを日本円に両替したいといい出した。「息子にパソコンを買って帰りたい」という理由から……つまり帰ることが前提の行為で、私は気に入らなかったが、とにかく銀行に足を運んだ。

対応してくれた銀行員は、「一〇〇ドル札には偽物が多いので、鑑定させていただいてよろしいですか」と訊いてきた。「どうぞ」との返事に応じて、一〇〇ドル札一〇枚を鑑定機にかけた。

……すると、三枚が引っかかったのである。

瞬時に私は、「弟は偽札所持で国外に出られなくなる」と期待した。ところが、その銀行員は「うちの鑑定機は型が古いので向かいの銀行へ行ってもらえませんか」という。それに従い再度鑑定してもらうと、すべての一〇〇ドル札が通ってしまった。私の淡い期待が霧散してしまった瞬間であった。

拉致被害者を送り返そうとした面々

北朝鮮で暮らすことを余儀なくされてから、弟は日本での絆（きずな）は失われたと覚悟した。そして、北朝鮮で生まれた子どもたちを新しい絆として生きてきた。しかし、日本での絆がいま蘇（よみがえ）ろうとしている。北に戻って子どもたちとの絆を取るか、日本に残って親たちとの絆を取るか……究極の選択を迫られた。

そのような選択などできない、両方を取りたい、そのためにはどうしたらよいのか、弟は悩んだ。

北朝鮮に戻ったら、二度と日本の地を踏むことはないだろう。また日本に残った場合は、その確率は非常に小さいかもしれないが、北朝鮮当局も人の子、子どもたちを日本で待つ親元へ送るわずかな可能性がある。その可能性に賭けよう。まさに、ギャンブルだが、苦悩の決断をしたのだ。

妻の祐木子は猛反対をしたらしい。だが、弟の気持ちが変わることはなかった。

このように、日本国民のほとんどが拉致被害者は北朝鮮に戻ると考えていたなか、弟は大英断を下した。ただし、戻ることは日朝間の約束であるから、当人がいくら戻らないと主張しても、それは叶(かな)わない。

この弟たちの「北朝鮮には戻らない、日本に留まる」という強い意志が覆(くつがえ)らないと知って、渋々方針を転換、結果的に尽力するかたちとなったのが、安倍氏と中山氏であった。あえて強調したい。安倍、中山両氏は、弟たちを一度たりとも止めようとはしなかった。止めたのは私なのだ。

忘れえぬ安倍晋三の冷たい言葉

「拉致被害者支援法(北朝鮮当局によって拉致された被害者等の支援に関する法律)」は、弟が帰国した二〇〇二年一一月、安倍晋三衆議院議員らが中心となり国会に提出され成立した、議員立法である。この法律により、帰国した拉致被害者は国によって衣食住が手厚く補償されているという噂が流布(るふ)している。しかし実態は、まったく異なる。

拉致被害者支援法を草案の段階で安倍氏から見せてもらったのだが、第一条には、拉致被害者に「慰謝」しという文字があった。内容は、被害者一人あたり月額約一三万円足らず（子どもは三万円）を支給することにより、早期の自立に資するというものであった。また、収入が発生すると支給額を減額するという。

これではまるで生活保護である。この程度で何が「慰謝」なのか。私は非常に腹立たしかった。そこでその言葉は、法案から削除してもらった。

さらに、金額が低過ぎるのではないかという指摘に対しては、法案作成にかかわった自民党の議員から、「委員会審議」で野党が吊り上げるからこの程度にしておく、という説明があった。ところが委員会審議を傍聴に行った私が見た結果は、逆のものであった。審議では、一三万円は高過ぎると主張されたのだ。戦後の中国残留孤児と比較しても優遇され過ぎるというのが、その理由だった。

そして、金額は引き上げられることなく法案は成立した……。

そこで私は、

「国の不作為を問い国家賠償請求訴訟を起こしますよ」

と、安倍氏を追及した。すると安倍氏は、薄ら笑いを浮かべながら、こう答えたのだ。

「蓮池さん、国の不作為を立証するのは大変だよ」

……いったいどっちの味方なのか。大変だとしても、そこを動かしてくれるのが政治家というものではないのか。あの言葉はいまでも忘れることができない。

被害者がパチンコに行けない理由

この支援法が世間では一人歩きして、拉致被害者はもちろん、その家族まで、国の税金により手厚く保護されているといったイメージが醸成された。たくさんのお金が支給されていると、世間は思っているのだ。

弟にとっては、とんだありがた迷惑だった。外食をすれば「税金で食事ですか」といわれ、旅行に行けば「税金で旅行、いいですね」といわれる。どれも本当の話である。

間違っても、パチンコなどには行けない。家には、「私はあなた方のために税金を納めているわけではありません」などといった匿名(とくめい)の手紙が来る。弟にとっては、腹立たしくもあり、悲しいことでもあった。

「何でこんな後ろめたい気持ちで生活をしていかなければならないのか」……二四年間北朝鮮で厳しい生活をしてきたにもかかわらず、帰国したら針のむしろに座る生活が待っていたのだ。

また弟は、韓国文学の翻訳という仕事を得たので、収入が発生した。すると、支給額が減った。北朝鮮で苦労してきたのだから、「ご苦労さまでした、当面はのんびり暮らしてください」と、一時金を渡してもらったほうがずっとましだと、私は思った。

拉致被害者支援法は三年の時限立法であり、給付期間は五年とされていた。が、日本政府はそれを延長した。しかし弟は、その際、一切の支援を辞退した。これ以上の精神的な負担には耐え切れなかったのだ。

「自ら辞退しても世間の人には伝わらないのではないか」という私の指摘に対しても、「自分の気持ちを整理した。これで堂々と生きていける」という返答があった。

「それまで支給された支援金は、翻訳で得た収入にかかる納税によって相殺(そうさい)されたはずだ。今後、支給予定の国民年金も、いっさい受け取らない」という。年金の保険料は当然支払っていないため、支給対象にはならないのではあるが、特別に国が講じた措置だったのだが……。

支援するはずの法律が、逆に被害者を苦しめる。この実態を日本政府は把握しているのだろうか。

二〇一四年にも、将来帰国する拉致被害者のために支援法が改正された。その際に約三億円の予算を計上したという報道がなされた。

この「三億円」という金額が世間の誤解を生むのだ。三億円が一人の被害者に渡るわけではない。日本政府は、きちんと対応しているとアピールしたいのであろうが、もっと被害者に寄り添った対応をしてほしい。

六〇歳前後の被害者が帰国した場合、老後はまとめて面倒を見るというぐらいのことをしなければ、帰ってこないのではないか。

弟は、支援法による給付は一切拒否しているが、北朝鮮からの補償金ということであれば受け取る、といっている。したがって、日本政府は北朝鮮に対し損害賠償請求をすべきであると考えている。しかし、そこにも障害がある。「まだお金がほしいのか」といわれてしまうのだ。

また「家族会」は、時期尚早(しょうそう)として反対をする。損害賠償があれば拉致問題が幕引きになると主張しているからである。

弟は、その思いを地元選出の国会議員に伝えた。その議員は「あれっ」という表情をし、弟に向かって、「蓮池さん、いったい、いくらほしいのですか」と聞いたという。

まったくもって、人間の気持ちを理解していない。こういう的外(まとはず)れなことをいう国会議員は、この人だけではない。弟の傷口に塩をすり込む行為に等しい。

まったく効かなかった経済制裁

第一次政権を含めて、安倍政権が拉致問題に対してとった方策は、北朝鮮に対する経済制裁と拉致問題対策本部の設置、この二つだけであることは既に述べた。

経済制裁、それも一つの手段、私はそう考えていた。ただし、経済制裁は平和的解決と武力行使のあいだに位置する手段で、極めて武力行使に近い。戦争をしない我が国（昨今怪しい情勢になってはいるが）にとっては最後の手段である。しかるに実行するに当たっては、被害者の救出に直結する戦略的なものであるべき、と主張してきたつもりである。

つまり経済制裁を行うならば、北朝鮮にどのような反応が生じるか、一方の日本はどのようなシナリオで救出するのか、そうしたことをきちんとシミュレーションしたうえで、具体的に知恵を絞った方策でなければならない。

ところが二〇〇六年、実際に発動された経済制裁は、北朝鮮のミサイル発射と核実験に伴う国連決議に基づくもの。拉致問題に関しては、日本の独自制裁を追加するときに理由として加えられただけ。つまり後付けだったのだ。

そこに私の唱える戦略があったかといえば、それはまったくない。やみくもな経済制裁は、北朝鮮の感情を悪化させ、彼らの結束を固めるだけだ。拉致被害者の救出にはつながらない。

私は経済制裁を行った場合、どのように拉致被害者が救出されるのか、それを政府関係者に尋ねたことがある。その答えは次の通りであった。

「経済制裁をすれば北朝鮮はもがき苦しむ。そして、どうしようもなくなって日本に助けを求めてくる。ひれ伏して謝り、拉致被害者を差し出してくる。であるから、日本は広く窓を開けて待っているのだ」

実に生半可(なまはんか)な論理だ。それでは、経済制裁を発動して九年、広く開けているという窓に何か入ってきただろうか。ハエ一匹入ってこなかったのが現実ではないのか。

北朝鮮の人間は、「日本に謝るくらいなら、死んだほうがましだ」と考えている。経済制裁に有効性がまったくないことは、無為に経過した時間が証明している。

アイデアを募集する拉致対策本部の愚

日本政府が経済制裁にこだわった理由は、拉致問題に対する基本姿勢が「逃げ」であったからだ。「家族会」「救う会」の主張通り経済制裁を実行したことを言い訳に、タフでハードでかつ面倒な交渉を回避し、机上(きじょう)で指示できる経済制裁に逃げたのだ。

「勇ましい姿勢」は受けがいい。「北朝鮮けしからん。日本は毅然として強硬姿勢に出る。だから経済制裁だ」という姿を見せつけ、日本国内向けのパフォーマンスをしていたともいえる。

ではその先はどうするのか。敵基地攻撃なのか。個別的自衛権の行使による自衛隊の派遣なのか。まだ核武装論議にならないのがせめてもの救いだが、開いた口が塞がらない。完全に手段が目的化している。

「家族会」の意向は決して世論ではない。それを忖度しているようでは、真の外交はできない。

拉致問題対策本部は総理大臣を本部長とする組織であるが、実務は各省庁からの出向者で構成される事務局が担当する。第一次安倍政権で設置が閣議決定され、その後、民主党政権で改組され現在に至っている。

同時に、拉致問題担当大臣のポストが新設された。この拉致担当大臣……設置以来九年間で何人交代したか覚えていないほど多くの人が担務した（正確には加藤勝信大臣まで一六人）。

この組織の発足当時は、従前から拉致問題解決のため戦略を練る組織が必要だと訴えていたため、それが受け入れられたと思い歓迎したものだ。ところが、彼らの主たるミッションは、国内向けの拉致問題啓発活動だった。

テレビCMの制作、有名芸能人を起用したポスターの作成および主要駅や交番などにおける掲示、横田めぐみさんの映画のDVD作成および全国小中学校への頒布、シンポジウムや有名ミュージシャンによるコンサートの開催など、さまざまなことが行われた。

伝えているメッセージは、いずれも「私たちは忘れない」「必ず取り戻す」といった抽象的、情緒的なもので、具体的な戦略はまったく見て取れない。どうやって取り戻すのかは誰にもわからない。

結局、感情的に、「この平和な日本の国土から、何の罪もない健全な人間を拉致するという非道な犯罪をする北朝鮮はけしからん」と国民にアピールしているに過ぎず、北朝鮮の脅威や反北感情を煽るための一翼を担っているだけなのである。

ただ、わずかではあるが、きちんとこの問題に対処しようとしている人間がいないわけではない。しかし、担当者の任期は三年程度で、真剣にやろうとするモチベーションが働かないのは事実だ。また、もっと問題なのは、柔軟な考え方が、組織の上層部に行くにしたがって否定されてしまうことである。

いまは削除されているが、以前、対策本部のホームページに赤い大きな文字で、「アイデア募集」と掲出されたことがあった。私はそれを見てカチンときた。「自ら戦略を練らなければならない組織が一般にアイデアを募るとは、どういうことか」と抗議の電話をした。

対応した職員は、「あれは啓発活動に関するアイデアの募集でして……」と釈明するので、「いずれにせよアイデアを一般に募るということは、組織の機能という面で末期症状ではないのか」といい返した。すると「そうかもしれませんね」と、いけしゃあしゃあといってのける……失望の極みだったが、もう触れたくない。

議員はツーショット写真アップで終わり

いままで私がいかに国会議員に政治利用されてきたか、それを数え挙げればきりがない。

まず、最初にやることはツーショット写真の撮影だ。大概が握手を交わしている姿。それはいつの間にか議員のホームページにアップされ、「私は拉致問題に取り組んでいます」とアピールするのだから、油断も隙（すき）もあったものではない。

それも無断でやってしまう。私は集票マスコットではない。

講演会があると、呼んでもいない地元の国会議員が顔を出し、一言挨拶させてくれといってくる。断るのも大人気（おとなげ）ないからと受諾するのだが、必ず挨拶を終えるとすぐ、姿を消してしまう。私の講演を最後まで聞く人など九九パーセントいない。そんなに忙しいのなら来る必要などないのにと、いつも思う。

逆に、国会議員から「講演に来てくれ」と呼ばれることがある。行ってみると、地元での自身の施政報告会とセットになっていたりする。実に迷惑千万（めいわくせんばん）な話だ。

二〇〇三年の憲法記念日に改憲派議員の集会に呼ばれ、困惑したこともある。「何を話すのか」と聞くと、「九条を変えろ」とでもいっておけとのこと……馬鹿だった私はそれを真（ま）

に受け、「憲法九条が拉致問題の解決を遅らせている」と発言し、その場では称賛された覚えがある。

なんて浅はかな発言だったのだろうと、いま思い出すだけでも冷や汗が出る。

また、こんなこともあった。弟の母校である柏崎高校が「二一世紀枠」（一部で「拉致枠」と揶揄された）で春の選抜高校野球に出場したときのことである。弟はせっかくだからと、甲子園球場まで応援に行った。アルプススタンドに席を取り応援していると、イニング間にＮＨＫのカメラが弟の姿を捉える。「拉致被害者の蓮池薫さんも応援しています」と。

すると、数人の地元選出の国会議員が弟の周りで陣取り合戦を始めた。弟の席の近くに座り、一緒にテレビに映りたいのだ。なにしろ全国放送だから、映れば絶大な宣伝効果がある。安倍首相が外遊する際に飛行機のタラップの前でインタビューに答える、その際に安倍氏の顔に自分の顔をくっ付けるようにして背後にたたずむ官房副長官や補佐官……あれと同じ構図だ。

もちろん彼らも必死なのだろう。しかしそんな姿を見て、弟も私も失望した。醜い光景だとしか思えなかった。

拉致問題を最も政治利用した人物とは

ところで、私たちを政治利用する国会議員は、党派を問わず、タカ派と呼ばれる人に多い。見分け方は簡単である。そういう人は、間違いなくブルーリボンバッジを付けている。そして、必ずといっていいほど、北朝鮮に対して強硬な主張をする。「今度帰ってこなければ、制裁復活だ。さらに追加制裁を要求する」と。

しかし、日本海の対岸で大きな声を上げても北朝鮮には届かない。訪朝して北朝鮮当局に直接、訴えてほしい。そう思うのだが、決して実行しようとはしない。

仮に訪朝して何の成果も得られなければ、総バッシングを受けて、自分の地位が失われかねない。そのリスクがあるため、腰が引けてしまうのだ。

拉致問題に関して何の進展もないのだから、すべての国会議員が拉致問題を政治利用しているといっても過言ではない。

しかし、拉致問題を最も巧みに利用した国会議員は、やはり安倍晋三氏だと思っている。拉致問題を梃(てこ)にして総理大臣にまで上り詰めたのだ。

その安倍首相だが、この期(ご)に及んで、まだ政治利用を止めようとしない。二〇一四年の衆議院選挙のとき、新潟二区で立候補した自民党公認の細田健一(ほそだけんいち)候補の劣勢が噂されるなか、地元の柏崎へ応援演説に訪れた。この演説会には弟が招かれたのだが、多忙だと断ると、何と両親が駆り出された。会場で、安倍首相と細田候補から、「拉致被害者、蓮池薫さんのご両親も来ておられます」と紹介を受けたのだ。

「結局、安倍さんのダシにされただけだね」と、母は嘆いていた。

ところでこの演説会は、柏崎刈羽(かりわ)原発の再稼動に揺れる、そのまさに地元で行われたにもかかわらず、原発には一言も触れることがなかった。それを聞いて私は、大きな驚きの念を禁じえなかった。

民主党への政権交代の意味

長い時間の流れのなか、政治の世界には大きな変化が到来した。すなわち、自民党から民主党への政権交代である。

これには大きな期待を抱いた。さまざまな政策で自民党政権との対立軸を明確にしていた民主党政権ではあるが、長期間にわたって停滞を続けている対北朝鮮外交で、果たしてどのような政策をとるのか、それに注目していた。

これは、対北朝鮮政策について、従来とは異なる方向へ大きく舵を切る最大かつ唯一のチャンスであったと考える。「これまでの関係は前政権とのあいだのものだ」と、過去の軋轢(あつれき)を水に流すことができるからだ。

私はなんとか膠着状態を打破してほしかったのだが、残念ながら、期待は裏切られた。

北朝鮮は、「自民党政権は倒れて当然」という趣旨の報道をしていた（とはいえ民主党政権を支持するともいっていないが）。返す返すも残念なことだった。

一方、鳩山由紀夫首相は、二〇〇九年九月二四日、国連総会の一般討論演説で北朝鮮問題について演説した。その論旨は以下の通りである。なお、この演説は日本時間の未明に行われたため、これを完全な形で報道したマスコミはなかった。

鳩山由紀夫

①北朝鮮による核実験とミサイル発射は、地域のみならず国際社会全体の平和と安全に対する脅威であり、断固として認められません。北朝鮮が累次の安保理決議を完全に実施すること、国際社会が諸決議を履行することが重要です。日本は、六者会合を通じて朝鮮半島の非核化を実現するために努力を続けます。

②日朝関係については、日朝平壌宣言に則り、拉致、核、ミサイルといった諸懸案を包括的に解決し、不幸な過去を誠意をもって清算して国交正常化を図っていきます。

③特に、拉致問題については、昨年（二〇〇八

年）に合意したとおり速やかに全面的な調査を開始する等の、北朝鮮による前向きな行動が日朝関係進展の糸口になるでありましょうし、そのような北朝鮮による前向きかつ誠意ある行動があれば、日本としても前向きに対応する用意があります。

この内容、すなわち対話路線の志向については共感できるものであるが、一部不満もある。首相は、②で「諸懸案を包括的に解決」といっている。これは聞こえは良いが、ご都合主義の逃げ口上としか私には思えない。

核・ミサイルと拉致は、まったく性格の異なる問題である。つまり、核・ミサイルはグローバルな問題であるが、拉致問題はあくまで日朝間固有の問題と考えられるからだ。したがって、拉致問題に対して単独できちんとした戦略を立てるべきなのである。

また、③ではあたかもボールが北朝鮮側にあるような発言をしているが、これには異論がある。二〇〇八年の合意は、同時行動が原則だったはずであり、現状では日本側が先に行動の意思表示をし、北朝鮮の同時行動を促すべき。すなわちボールは日本側にあるのだ。

翻（ひるがえ）って、では鳩山氏はなぜ、この演説の内容を日本国民に向けて積極的に発信しなかったのであろうか。所信表明演説や施政方針演説でも、これらがすべて明確にされることはなかった。これでは国際社会に向けたリップサービスと捉えられても仕方がない。

その後、菅直人氏や野田佳彦氏といった首相も、ほぼ同様の国連演説を行ったが、具体的な拉致問題の対応については大きな相違がなかった。そして、二〇一三年九月の安倍晋三首相の同演説では、「国交正常化」に対し「図る」「追求する」といった積極的な表現は使われなくなっていた。

松原仁拉致担当大臣の軽挙妄動

民主党政権時代の二〇一二年七月二二日、「金正日の料理人」として知られる藤本健二氏は、平壌で金正恩第一書記と再会した。このときの金第一書記と抱き合った写真が、世界中に大きなインパクトを与えた。その藤本氏は、この再会の際、横田めぐみさんの名前を出して拉致問題解決を提起したという。

その直後、松原仁拉致問題担当大臣が藤本氏に接触してくる。その顚末が、氏の著書『引き裂かれた約束』(講談社)に赤裸々に綴られている。

藤本氏が平壌から帰国後しばらくして、突然、松原大臣から面会の申し出があり、同年八月二八日、赤坂のANAインターコンチネンタルホテルで会うことになったという。以下、少し長くなるが、生々しく民主党政権の低迷ぶりを表しているので、藤本氏の著書から引用する。

＊＊＊＊＊

「藤本さん、あなたにお願いしたいものがある」

「何ですか？」

「うーん……」

はっきり口にしなかったが、ああ、野田佳彦首相の親書のことだな、と思った。

それしかありえなかった。（中略）

「ただ、いまは国会中で忙しく、ちょっとだけ、一週間だけ待ってもらえませんか……」

すぐさま私は、はっきりと、首を横に振った。

「それはダメです。九月一日に再び平壌に戻ってくる、これが二〇一二年になって初めて交わした、私と金正恩大将との大切な大切な約束です。絶対に破れませんよ。

これを破ったら、私はもう二度と共和国へ入れないかもしれない。最高指導者との約束とはそういうものです。それくらい、わかるでしょう」（中略）

「いや、本当に申し訳ない。ただ一週間だけ待ってください。ただ一週間だけ……」

松原大臣はその一点ばかりである。

納得いく説明をしようとはしない。待てば親書が託される確証でもあるのか、と問うても、

「ただ一週間だけ……」

この通りだ、といわんばかりに何度も何度も深々と頭を下げる。わらにもすがる思いで私の目を見る。ただそれだけだ。（中略）

だが、いやしくも政府高官に、そこまで深く頭を下げられたら、こちらもつっけんどんにばかりできない。いま、ここで私には言えなくても、政府内部ではきっと、しかるべき算段がついているはずだ。あるに決まっている。そう思い、折れた。ただの寿司職人の私は折れるしかないのだ。（中略）

松原仁

そして長い長い一週間が過ぎた――。九月五日午後六時、指定されたＪＲ品川駅前の品川プリンスホテルの一室に入ると（中略）間もなく部屋に松原仁大臣がやってきた。前回のように陽気な感じではない。しかも手ぶら？

瞬間、やばい、と思った。頭が真っ白にな

った。大臣を信用した私がバカだったのか……。
もし親書らしきものがあれば、それなりのファイルを手にしているはずである。もともと浅黒い顔色だから、大臣が青ざめていたかどうかまではわからないが、すっかりしょぼくれていた。（中略）
「申し訳ない、藤本さん。いま北京で外務省の課長クラスで日朝協議が始まった。これから協議が局長クラスに上がるとき、その頭越しにトップ同士で話しあおうという親書は書けない、と野田総理がおっしゃったんで……」
やっぱりそうか、まるで話が違う。冗談ではない。どこまで私をバカにするのか！　申し訳ないですむのか！　（中略）
野田首相にしても、なぜこの千年に一度のチャンスをつかもうとしないのか。巷（ちまた）では「サラリーマン政治家の代表格」などと言われているらしいが、「協議が局長級に上がるとき、その頭越しにトップ同士で……」など、一国の首相の言葉とは思えない。小泉純一郎さんだったら、迷わず「親書を出す」と言ったのではないか。私の北朝鮮の家族や横田めぐみさんたちの命がかかっているではないか。彼らを見捨てるのか、いや見殺しにするのか……。（中略）
そして苦しまぎれに、言うに事欠いて、こんな台詞（せりふ）を吐くのだった。

「……なんかいい打開策ありませんかねえ。藤本さん、なんかアドバイスないですか」

いやしくも政治家、しかも拉致問題に取り組む日本国のトップ、拉致担当大臣が、一介の寿司職人に言う、これがまともな言葉だろうか？（中略）

「外務省と別に日朝接触」――そんな見出しが二〇一二年一〇月五日の朝日新聞一面に躍った。八月二九日～三一日に北京で行われた四年ぶりの日朝外務省課長級協議の内幕であった。

記事によれば、日本側は外務省の小野啓一（おのけいいち）北東アジア課長、北朝鮮側は劉成日（リュソンイル）課長が代表を務め、三日間で計七時間協議した。そして松原大臣は、拉致対策本部事務局員や自らの秘書ら三人を北京に派遣し、三人は八月三〇日夜、北朝鮮大使館そばの朝鮮料理店で、劉課長ら北側代表団と会食したというのである。

松原大臣は、課長級協議に拉致対策本部事務局員らの同席を求めたが、首相官邸に認められず、独自に三人を派遣して接触したと書いてある。そして、日本政府の二元外交批判を展開している。（中略）

八月三〇日といえば、ちょうど私が松原大臣と六本木のホテルで会って、「一週間だけ待って」と懇願された二八日の直後である。

そもそも大臣がどんな中長期の戦略を描いていたのか知るよしもないが、霞が関の中でもエリート中のエリートである外務省が、私、藤本健二を利用することも含めた「松原オペレーション」にかなりの不快感を示していただろうことは、この記事から想像に難くない。大臣は孤立していたのではないか？　首相官邸との関係も良くなかった気配も記事から感じられる。あんなうさん臭い人間に親書を持たせるな、そんな感じだろう。（中略）日本の対北朝鮮外交は、てんでんばらばらの印象を受ける。醜い縄張り争いに松原サイドが負けたのかもしれない。オールジャパンで対処すればいいではないか。

＊＊＊＊＊

以上、長文を引用したが、私はここで藤本健二氏が提起している意見に、全面的に同意する。藤本氏を翻弄した挙げ句、まったく成果が得られなかった日本政府。何の戦略も持たず、ただ、場当たり的な対応をする。そこには、藤本氏の指摘する醜い縄張り争いも存在する。

これでは、拉致問題の進展はおろか、日朝関係改善への道も開かれることはない。この構図は、民主党政権に限ったことではなく、歴代政権を通じ、いまなおまったく変わっていないのである。

第二章　被害者死亡を認めた首相の大罪

外務省の「自民党以外はダメ」

四半世紀のあいだ固い扉に閉ざされていた拉致問題を、電撃訪朝と日朝首脳会談によって抉じ開けたという点で、小泉純一郎首相の功績が称えられるべきであることはいうまでもない。日朝平壌宣言の締結により国交正常化が動き出そうとしたことは、長く歴史に刻まれることであろう。

しかし、一連の手続きにおいて日本人拉致被害者に対する人権軽視があったことは否定できない。これが日朝間の「ボタンの掛け違い」につながり、拉致問題の長期間の膠着を生む元凶となったのである。二〇〇二年九月一七日、サインの前にするべきことがあった……。

この日、小泉首相が電撃訪朝を決行し、金正日総書記との日朝首脳会談が行われた。その席で金総書記は、拉致を認め謝罪したといわれている。その映像や音声は報道されていないので、真偽は明らかではないが、とにかく拉致が事実であったことが満天下に晒された記念すべき日である。

しかし、これで日本政府が拉致問題に真剣に取り組むのだと思っていたのだが、そうではなかった。四半世紀のあいだ放置していた拉致問題をこの日一日で終わりにしようとした、「謀略の日」だったのである。

金総書記の口から発せられた、「拉致被害者五人生存、八人死亡、その他の人は入国が確認されていない」という言葉を日本側は鵜呑み（うの）にし、小泉首相は日朝平壌宣言に署名した。

もしこのとき、日本政府が必死に拉致被害者を探していたのならば、生存者を速やかに連れて帰ることは当たり前。死亡というのであれば、いつ、どこで、なぜ、ということを追及し、その証拠が出てきた場合、信憑性（しんぴょうせい）を確認するとともに、犯人の処罰や損害賠償を請求して然る（しか）べきであった。だが、こうしたことは一切なされなかった……。

長年にわたって閉ざされてきた拉致問題の扉を初めて開いたという点では称賛される行動かもしれない。が、日朝国交正常化を急ぐあまり、拉致被害者の人権や生命を軽視し、家族そして国民の世論を甘く見ていたといわざるをえない。金総書記によってもたらされた情報の、日本における扱い方に、重大な問題があったのである。

小泉純一郎

当日、私たち家族は衆議院第一議員会館会議室に集まり、多くのマスコミの記者、カメラクルーを前に、テレビで日朝首脳会談の成り行きを、固唾（かたず）を呑んで見守っていた。各家

西村眞悟

族は、さまざまなマスコミとのインタビューをする約束を取り付けていた。

そうしたなか、午後になると外務省から、「会場を移動してほしい」という要請があった。最初、移る理由はない、マスコミとの約束がある、とそれを拒んだ。しかし、どうしてもということだった。「情報がなければ行く意味がない」という私たちの主張に、「必ず情報がある」というのが外務省の返答だった。

それなら移動するか、という気持ちになったが、ここで一悶着があった。外務省は、「拉致議連」（「北朝鮮に拉致された日本人を早期に救出するために行動する議員連盟」）のメンバーの同行は認めるが、自民党以外はダメというのである。そこで野党、自由党の西村眞悟衆議院議員が噛み付いた。

「どういうことだ。おかしいじゃないか。我々は超党派で活動しているのだ」

外務省の態度は硬かった。西村議員も譲歩した。結局、私たち「家族会」は、議員会館をあとにすることになる。

行き先は、通称「飯倉公館」だった。首脳会談、外相会談、また各種会議やレセプションなど、海外との交流活動に利用される、東京・港区麻布台に位置する外務省別館だ。同行したのは、自民党の石破茂拉致議連会長、米田建三同副会長、平沢勝栄同事務局長だった。

なぜNHKが先に知っていたのか

飯倉公館に到着し、我々は応接ホールといったほうがふさわしい広い部屋に案内された。室内には、コーヒー、紅茶、ケーキなどが用意されており、「ご自由にお召し上がりください」といわれたが、とてもそのようなものを喉に通す気分ではなかった。部屋の中央には大きな画面のテレビが置かれていた。

それを見て私は、「ひょっとして平壌とテレビ回線が繋がっていて、弟と対話ができるのではないか」と、淡い期待を抱いた。しかし、そのテレビがONになることはなかった。業を煮やして、「テレビ点けてもらえませんか」と外務省職員に頼むと、「いいですよ」とスイッチを入れてくれた。

映ったのはNHK総合テレビ。「何だNHKか」とがっかりするのも束の間、ブラウン管に映るアナウンサーが、「ニュース速報です」といったのである。その内容は「拉致被害者九人生存」というもの。「九人とは誰だ?」と思ったが、言葉にする人は誰もいなかった。

それほど、状況は緊迫していたのである。間髪をいれず、かのＮＨＫアナウンサーは、「失礼しました。数人生存の誤りでした」と訂正放送を行う。「数人とはいったい何人だ？」と思ったが、やはり声を上げる人間はいなかった。それよりも、「なんで外務省別館でＮＨＫを見なければいけないのか？　なんで我々が知る前にＮＨＫが報道しているのか？」という疑問が湧いてきた。

その思いを外務省にぶつけた。外務省の答えは、「みな様にとって重要な問題ですので、いま最後の詰めと確認を行っています。もう少しお待ちください」というもの。それから小一時間して、ようやく外務省が動いた。

「横田めぐみさんのご家族どうぞこちらへ」と別室へ導かれた。約二〇分後、横田一家が戻ってきた。早紀江さんの目は真っ赤だった。そして、

「うちはダメだったの。でも、きっとお宅は大丈夫よ……」

と、絞り出すような声で私たちにいった。

あとで聞いた話だが、招かれた別室では、福田康夫官房長官と植竹繁雄外務副大臣がおり、「残念ながら、めぐみさんは亡くなった」と伝えられたという。いわゆる「死亡宣告」である。「いつ、どこで、なぜ」と問うても、とにかく亡くなったという返答だったとのことだ。

次に有本恵子さんの家族が呼ばれ、その後、順番に一家族ずつ別室に呼び出されたあと、同様な宣告が行われた。いずれも「亡くなった」と断定されたのである。

最後に私たち家族と地村さん、濵本さん家族が呼ばれた。福田官房長官に対して、まず私が聞いた。

「何でＮＨＫの情報のほうが早いのですか？」

「それはあずかり知らない」と官房長官。

母が「『家族会』は一つの家族のようなもの。何でこんなまどろっこしいことをするんですか。まとめてやったらどうですか」といい終わらないうちに、「まあ黙って聞きなさい。あなた方の子どもたちは生きているんだから」……だからいいだろう、そういわんばかりに福田官房長官は発言を遮（さえぎ）った。

「では、他の人たちは」との問いには、「残念ながら亡くなった」という返答。何も口にすることができず、私たちは放心状態になってしまった。父はそのときの雰囲気を「死刑執行を待つ罪人の気持ちだった」と表現して

福田康夫

いたが、まさにその通りだと思う。

平壌で首相を待っていた被害者たち

時を同じくして、北朝鮮・平壌では、小泉首相と金総書記が日朝平壌宣言に署名していた。小泉首相は「拉致被害者のなかに死亡者がいたことは痛恨の極みだ」と、記者会見で述べた。

いま考えてみると、私たちを飯倉公館に移動させたのは、マスコミから隔離するためだったということがわかる。もし、議員会館に留まっていたならば、死亡情報と日朝平壌宣言へのサインが同時に伝わってくる。その場合、家族会から批判が出るのは必至である。それを避けたかったのであろう。

さらに、もっと大きな日本政府の目論見が透けて見えてくる。日朝国交正常化を進めるに当たり、その前に立ちはだかっているのは拉致問題。それを一刻も早く片づけたかった。つまり、拉致問題は邪魔な存在だったのである。

「死亡といわれた人たちは、残念だが葬式を出して諦めてくれ」「五人は生きているが、会いたいのであれば、日本の家族が平壌に行ってくれ」「これで拉致問題は終結した」……そういうシナリオでの政治決着である。

まず、八人死亡について、お上である官房長官が下々の家族に対して「死亡」と断言すれば受け入れるであろう、そういう非常に時代錯誤的な、さらにいえば稚拙な方法で、家族をいいくるめようとした。

終戦直後の戦死通知ではあるまいし、また独裁主義の北朝鮮でもない現代の日本では、その論理は通用しない。普通の感覚であれば、「北朝鮮は死亡といっているが、日本政府は何も確認していないから、希望を捨てないでくれ」と伝えるべきであろう。だから私は、「日本政府には、拉致被害者の人権への配慮など、微塵も感じられない」と主張するのだ。

次に五人生存についてだが、前述のように、邦人救出という強い使命感があるなら、「五人をすぐに返せ、それが困難であれば、少なくとも今後は日本の管理下に置く」といって然るべきである。しかし、それはしなかった。

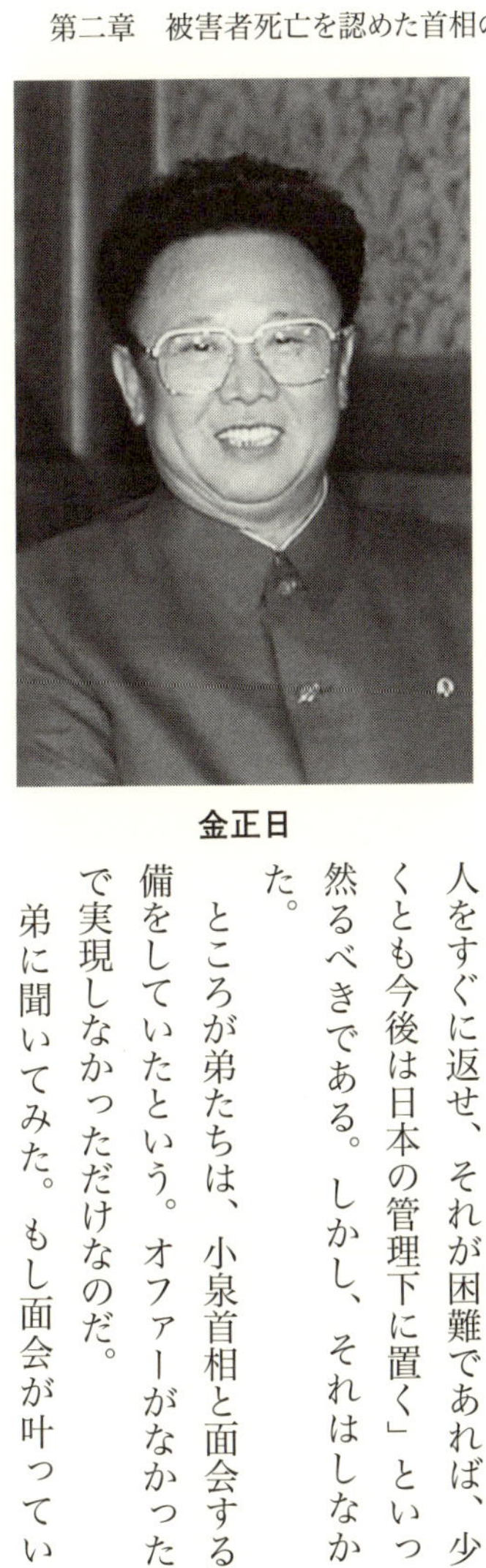

金正日

ところが弟たちは、小泉首相と面会する準備をしていたという。オファーがなかったので実現しなかっただけなのだ。

弟に聞いてみた。もし面会が叶っていた

ら、なんといったのかと。

「私たちは平壌で幸せに暮らしています。ただ長年両親に会えないのが残念です。早く会いたいので、こちらに来るよう伝えてください」というのが答えだった。つまり、私たちに平壌通いを強要するということである。

平壌での小泉首相の記者会見を受け、マスコミは何の裏付けを取ることもなく、一斉に「拉致被害者五人生存、八人死亡」と報道し、号外も出た。「横田めぐみさんのご冥福をお祈りします」などというテレビのニュースコメンテーターもいた。生存者を早く返すべきだという報道が少なかったのが残念だった。

この時点ではマスコミも、日本政府の政治決着に大きく加担していたといえる。

しかし、家族や世論はそう甘いものではない。次のような出来事によって、多くの人たちが九・一七の政治決着に疑問を呈することになったのである。

死亡の証人・駐英公使の無知

私たちは福田官房長官から、「一連の生死情報は、北東アジア課長を務めたことがある梅本和義(うめもとかずよし)駐英公使が、あの場で確認した」と伝えられていた。すると翌九月一八日の昼、「救う会」の荒木和博(あらきかずひろ)氏から「梅本公使が日本にいる」という連絡が入った。もうイギリスに帰ったと思っていたので、ぜひ会って、直接話を聞きたいと思い、外務省に電話した。するると、「確かに日本にいます。しかし、都内のどこかにいるはずなのですが、現在連絡がつきません」とのこと……駐英公使ともあろう人の所在が不明ということはあるまい。そう感じつつ、「梅本さんと連絡がつき次第、こちらに電話をください」と伝えた。

私の両親を除き、他の家族は既に帰路につき、東京にはいない。しかし、待てど暮らせど、外務省からの連絡はない。夕方になってようやく電話があった。

「一八時に外務省へ来てください」

横田滋さんは神奈川県川崎市在住であったことから、梅本氏と会える旨(むね)を説明したうえで、外務省に来るよう電話をした。そして横田夫妻と外務省の一階で落ち合い、北東アジア課へ向かった。

横田夫妻は、めぐみさんの死亡を確認した当事者と会えるということで、相当な覚悟で足を運んだことと推察される。会議室で、梅本氏、加えて会談に同行した通訳の職員と面会した。

まず五人の生存者について訊いてみた。すると、蓮池薫と称する人物に会って話をしたという。父が「脚の傷のことを訊いてみようか」というので制止した。弟は幼いころ交通事故に遭い、両脚に傷痕が残っている。それを見れば一瞬のうちに、その人物が蓮池薫であることが確認できる。しかしここは、「とにかく相手のいい分を聞いてみよう」と、父をいさめた。

梅本氏は、その男性は左脚のズボンをたくし上げ、「この傷痕を見れば両親も私が蓮池薫であることがわかります」といった、と説明した。

「梅本さん、その傷痕をごらんになって、どう思われましたか?」

と質問する私。すると梅本氏は、

「相当重篤(じゅうとく)な事故に遭われたのだなと思いました」

と答えた。

「これはダメだ」と、私は失望した。梅本氏は、拉致被害者の情報を何ら持ち合わせないまま面会したことがわかったからである。そのうえ、その人物のビデオ映像や写真、音声の録音、さらに本人のメモといったものは一切持ち帰っていないという……絶望的な気持ちになった。

「ヘルプで」被害者の死亡確認に

次に、めぐみさんについて訊いた。

「あなたがめぐみさんが死亡したということの証人とされているんですよ」

梅本氏は、めぐみさんの娘であるキム・ヘギョン（後にウンギョンで定着）さんに会って話を聞いたという。彼女は、

「私がまだ小さいときにお母さんは亡くなった。そのことは覚えていないし、お父さんもお母さんのことは話してくれない、新しいお母さんがいるから。お墓の場所も知らないし、お参りに行ったこともない」

と話したという。さらに続けて、

「お母さんゆかりの品物は何かありますか」

と尋ねたところ、「これです」と彼女が差し出したのは、バドミントンのラケットカバー……そこには何か書かれており、横田の「田」の字がかろうじて確認できた。それがすべてとのことだった。やはり、映像や音声の類いの情報はまったくなかった。

「それで、どうしてめぐみさんの死亡を確認できたのですか？」

と問い詰めると、

「私は確認などしていない」

と梅本氏は平然と答える。

「私たちは昨日、家族の生死を断定的に宣告された。その根拠は梅本さんの確認だ。それが事実と異なるというのであれば、記者会見して訂正してくれ」

と語気を強めて迫ると、梅本氏は「上司に相談する」といい残して、その場を離れてしまった。

そこで私は平松賢司(ひらまつけんじ)北東アジア課長が自席にいたのを見つけ、

「そもそもなぜ、駐英公使である梅本氏が平壌にいたのですか？」

と訊いた。

「あの人は当課の経験もあるので、ヘルプで来てもらったのです」

と平松課長。「ヘルプ」なんて、まるでホステスみたいではないか……。

「北東アジア課長であるあなたが、被害者やその関係者と面会するべきではなかったのですか？」

と問うと、

「我々はバタバタしていたので、代わりに梅本さんに行ってもらった」

という。怒り心頭の私は、

「昨日、飯倉公館で我々がどのような扱いを受けたのか、ご存知なんですか。生死をはっきり断定されたんですよ。梅本さんの話を聞くと、それは実にいい加減なものだ。いますぐ訂正しろ！」

と怒鳴った。すると呆(あき)れたことに平松課長は、

「いま、（アジア大洋州）局長の田中（均）がＮＨＫのテレビに出演していますので、連絡を取って、その場で訂正させます」

と、できもしないことを平気でいい放つ。

「ふざけるな！　すぐに霞クラブ（外務省の記者クラブ）へ行って訂正しろ！」

言葉遣いについては、もはや礼儀も何もあったものではない状態。「外務審議官と相談します」といって、平松課長も姿を消してしまった。

拉致問題に興味のない記者を前に

取り残された私たちは、仕方がないので、自分たちで霞クラブに頼み込み、記者会見を行うこととなった。

「昨日、私たちが飯倉会館で宣告された内容は、一部始終、信憑性がありません。五人生存、八人死亡という情報は、未確認情報です」

と大きな声で訴えたが、いま一つ反応がない。集まった記者が全員政治部の記者であり、取り立てて拉致問題に関心がないことが原因だということを、瞬時に理解した。

そこで翌日、各マスコミの社会部の記者に集まってもらい、改めて会見を行った。前日の外務省でのやり取りを説明し、「未確認情報を断定的に伝えられた」と強調した。

記者の反応は前日とは比べ物にならないほど強烈だった。その会見以来、すべてのマスコミが「死亡した拉致被害者」という表現を「北朝鮮により死亡とされた拉致被害者」に改めた。

こうして九・一七という一日がいかに怪しいものだったかの一部は説明できた。ここにおいて、あくまで国交正常化を目指す日本政府と、「北朝鮮はけしからん、証拠を出せ」という「家族会」を含む民意のあいだに大きな乖離（かいり）が生じたことは否めない。日本政府の目論（もくろ）んだ政治決着は円滑に進むことはなく、結局は頓挫（とんざ）する結果となるのだった。

「総理は死亡を確認されたのですか？」

九・一七から一〇日後の九月二七日、小泉首相と家族の面会が実現した。家族側は四〇人を超えた。面会は一問一答形式ではなく、家族が一人ずつ意見を述べ、その後、小泉首相が答えるというもの。家族は一人ひとり思いの限りを述べたため、すべてが終わったころには、予定された時間はほとんど経過していた。

小泉首相は、短い時間で各論に言及するのではなく、「拉致問題を解決し、国交正常化を目指す」といった総論でまとめ、面会を締めくくった。席を立ち、その場を去ろうとする小泉首相に、私は直接問い質（ただ）した。

「総理はご自分で死亡を確認されたのですか？」

「それは北朝鮮のいい分だよ」

……信じられない言葉が返ってきた。平壌でいっていたこととと、ぜんぜん違うではないか。しかしその真意は、いまでもわからない。

日朝平壌宣言にサインしたのだから、この場を凌げばいいと高をくくっていたのか。あるいは、一〇日のあいだにあまりに拙速なやり方だったと自覚し、何とか未確認情報を明確にしようと翻意したのか。後者だと信じたいが。

「首相と同じものを飲んでいいの？」

二〇〇四年五月二二日、小泉首相は再度北朝鮮を訪問し、日朝首脳会談を行った。その結果、弟の子どもたち二人と地村保志さんの子どもたち三人、計五人が帰国した。曽我ひとみさんの家族の帰国は叶わなかったが、早期に北京で再会することになった。

このときの日本政府の思惑は、子どもたちの帰国によって日朝交渉に弾みをつけようとしたものだろう。北朝鮮側も、自ら認めた拉致被害者、そしてその子どもたちをすべて返すのだからと期待していたと考えられる。

この日朝首脳会談で両首脳が合意した項目は、日本側の発表によると次の通りである。

①日朝平壌宣言を履行していく考えを改めて確認し、日朝間の信頼関係の回復をはかるために小泉首相が訪朝した。
②北朝鮮側は、人道的観点から、拉致被害者の蓮池さん、地村さんの家族計五人の同日中の帰国に同意。曽我さんの家族は早期に北京で再会するよう調整する。
③安否不明の拉致被害者については、北朝鮮側がただちに真相究明のための調査を再開する。
④日本側は国際機関を通じ、今後一、二ヵ月以内に食糧二五万トンおよび一〇〇〇万ドル相当の医薬品などの人道支援を行う。
⑤双方は日朝平壌宣言を順守。その精神にかんがみ、日本側は制裁を発動する考えを示さない。
⑥日本側は在日朝鮮人に差別などが行われないよう友好的に対応する。
⑦双方は核問題の平和的解決を目指し、六者協議の進展に努力する。

一方、小泉首相は金正日総書記との会談を終え、弟と地村保志さんの子ども計五人を連れてトンボ帰りした。弟たちは羽田空港で一年七ヵ月ぶりに子どもたちとの再会を果たした。

反日教育を受けている子どもたちは動揺するのではないかという思いは杞憂（きゆう）に終わり、両親に対し素直で温和な笑みを浮かべていたという。

その後、場所を赤坂プリンスホテルに移し、小泉首相と弟たち親子はジュースで祝杯をあげたそうだが、そのとき子どもたちは、

「首相と同じものを飲んでいいの？」

と弟に訊いたそうだ。北朝鮮の体制をよく表した言葉だと、驚いたものだ。

この場には弟夫婦しかおらず、私や両親はその様子をうかがい知ることはできなかったのだが、実は近隣のビルの上階から、日本テレビのカメラがカーテン越しに、乾杯の様子を撮影していた。映像は一度放映されたが、政府の要請によって、それっきりになってしまった。

私や両親が子どもたちに初めて会うのは日付が変わったころだったが、実はその前に行われた小泉首相との面談において、大変なことが起きてしまったのだ。

小泉首相を罵倒した「家族会」の失態

夜の一一時頃、小泉首相は「家族会」と五人の被害者の前に現れた。私と両親は、事前に「小泉さんにひと言でもお礼をいわなければ」と話し合っていた。しかし、そんなことはお

くびにも出せない事態が出来した。

面談の口火を切った横田滋代表の口から、儀礼的な慰労の言葉のあと、「今日は最悪の一日でした」という驚愕の言葉が飛び出したのだ。

そして、あとに続いた増元照明さんや飯塚繁雄さんも、「総理はプライドをお持ちなのですか」「総理は子どもの遣いですか」と、容赦のない言葉を浴びせた。

もともと、この二人は小泉訪朝に反対していたこともあり、死亡とされた人たちに関する情報がまったくないのに、再調査という形で合意されたことに対し、怒りが爆発したのであろう。その心情は理解できないわけではないが、あまりにも酷い面罵、それこそ日本国の首相のプライドを傷つけるものであった。

振り返ると、何とテレビカメラがこのやり取りの一部始終を捉えていた。通常、マスコミは「頭撮り」といって冒頭部分だけを撮り、あとは退出するのだが、このときは違った。あとで聞いたところによると、これは小泉首相サイドの戦略だったという。絶賛の嵐になっても、逆にバッシングを受けても、いずれも非常に大きな影響力のある報道になり、低下気味だった支持率回復に資すると考えたらしい。

大絶賛を受ければ胸を張れるし、バッシングを受けたら「俺はこれだけやっているのに可哀そうだ」と開き直れる。だからとにかくすべて撮影しろ、ということだったのだろう。

結局、後者になったのだが、その様子がテレビで放映されたあと、私たちは非常に大きな批判を受けた。「一国の宰相に向かって何をいっているんだ」「お前ら何様なのだ」……視聴者の怒りは止まらなかった。

その時点で、小泉首相の拉致問題に懸ける情熱はあっけなく雲散霧消してしまった、と私は考えている。首相としてのプライドが著しく傷つけられ、「もう勝手にしろ」という気持ちになってしまったのではないだろうか。

もし、あのとき「家族会」が小泉首相を称賛し、「今日はありがとうございます。今度は私たちの番ですから、よろしくお願いします」と礼を尽くしていたら、その後はどうなったであろうか。小泉首相は、さらに三度目、四度目と訪朝して、この問題に取り組んでくれたかもしれない。その可能性を断ち切ったのが我々だったと考えると、慚愧の念に堪えない。

横田滋

小泉首相の頭のなかには「絶賛されるだろう」という思いもあっただろう。それを政権支持率のアップにつなげようとか、あるいは日朝国交正常化を達成して後世に名を残そうとか、動機は問わない。拉致被害者の救出につながればそれでよかったと思っている。いまも昔も、小泉首相は唯一無二の「行動する政治家」だったのだから。

拉致問題解決の「定義」とは

なぜ、この問題をめぐって、首相バッシングのようなことが起きてしまうのか。そこには、拉致問題をどう捉え、どう解決していくのかということが深く関わっている。

小泉首相の再訪朝については「救う会」を中心に反対の声が大きかった。「再訪朝より制裁しろ」という主張が際立っていたのだ。

弟たちの子どもたちが帰国すると、死亡とされた人たちの問題が終結とされるかもしれない。さらに、特定失踪者の問題も曖昧にされるかもしれない。そういう気持ちに由来するものである。

然るに小泉首相が再訪朝したら、すべてが終わりになるというのが、「救う会」の主張であった。私は、それは違うという意見だった。

これは、運動する側の問題だけではない。日本政府にとっても大きな問題である。前述したが、何をもって拉致問題の解決というのか、その点が明白ではないのである。

アメリカが北朝鮮に対するテロ支援国家の指定を解除する直前、クリストファー・ロバート・ヒル国務次官補が来日し、日本政府に尋ねた。「拉致問題の解決とは何か。進展とは何か」と。日本政府はまともに答えることができなかった。

よく「全員を取り戻す」という決意が聞かれる。ではその全員とは何人なのか。日本政府が拉致と認定した一二人なのだろうか。日本政府は、それ以外にも特定失踪者が九〇〇人近くいるという立場であるから、一二人には限らないのであろう。そこで「全員取り戻す」といっても際限がないのだ。日本に行方不明者がいる限り終わりようがない。

日本国内では、年間約八万人の行方不明者が発生するといわれている。そのほとんどは発見されるものの、そうでない不明者がいる。それを、ひょっとしたら北朝鮮の仕業（しわざ）かと考えている限り、解決はない。

私は段階的に事を進めていかなければならないという立場だ。誤解を恐れずにいわせてもらえば、政府認定の拉致被害者とそれ以外の人たちとは少し性格が違うと思うのである。まず政府認定の拉致被害者の問題を解決して、それから次の段階に進むべきである。

安倍首相も、首相に就任する前は、いわゆる「段階論」を提唱していた。「まず五人の家族を返せ。それをクリアしたならば国交正常化交渉に入り、その交渉のなかで残りの方々の問題を扱っていく」と。

ところがその後、「拉致問題の解決なくして、国交正常化なし」に変わってしまった。安倍首相のいう「全員生存を前提にする」「日朝平壌宣言に則り国交正常化を目指す」というのが矛盾（むじゅん）であることは、後述する通りである。

仮に北朝鮮が新たな調査結果を出し、「このように亡くなった」と説明したとして、それが百パーセント事実であったとしても、日本の世論は「そんなはずはない、北朝鮮はけしからん」というふうになるであろう。北朝鮮当局もそれがわかっているからこそ、お手上げ状態に陥っているのだと思う。

事態の膠着が世論の過激化を促し、過激になった世論が目的を失ってさらに過激化するという悪循環である。これは日朝交渉をどう組み立てるのかという戦略に大きく関わってくるので、日本政府は真剣に考えてほしい。

日朝平壌宣言の論理矛盾

前述したように、拉致問題の解決とは何かというのが大きな問題ではあるが、その前に大きな壁が立ちはだかっている。それは日朝平壌宣言である。

その過程においては、外務省の田中均アジア大洋州局長と北朝鮮の「ミスターX」との水面下交渉が大きく作用したといわれている。拉致を認めて謝罪すれば、日朝国交正常化が実現し、北朝鮮側に莫大な金がもたらされるという密約があったのだろう。
実際その通り、金正日総書記は拉致を認め謝罪したとされている（ただ、私たちに直接の謝罪はないが）。拉致は北朝鮮による重大な人権侵害ではあるが、日本政府も拉致被害者の人権を軽視あるいは無視したといわざるをえない行為に出たのである。

繰り返しても詮ないことではあるが、今後のこともあるので強調しておきたい。もし日本政府が必死に拉致被害者を探しているのであれば、生存者がいると聞いた瞬間に、「返せ」あるいは少なくとも、「いまから日本の管理下に置く」というべきであった。死亡とされた人については、「いつ、どこで、なぜ」と、とことん問い詰めるべきであり、真実ならば補償はどうするのか、そこまで詰問すべきであった。

しかし、現実は北朝鮮の言い分を鵜呑みにしてしまった。情報が伝わった日本国内では、福田官房長官が家族を呼び、「あなたの子どもは死んでいる」と断定したのである。

そして平壌では、小泉首相が日朝平壌宣言にサインをした。つまり日朝両国は、二〇〇二年九月一七日という一日で拉致問題を終わりにするということで、利害関係が一致していたのである。

実際、日朝平壌宣言のなかには拉致問題の「ら」の字も記されていない。再発防止らしき内容がかろうじて見られるだけだ。

北朝鮮では、金総書記のサインのある文書は憲法と同等といわれている。すなわち文面上、拉致問題は解決済みということになっているのだ。

歴代の日本政権は、「日朝平壌宣言に則り国交正常化を目指すと同時に拉致被害者の全員の帰国を果たす」といい続けてきた。私は、これは論理矛盾だとずっと指摘してきた。宣言に則れば、八人死亡は「既成事実」となってしまうからである。このような単純明快な論理を、なぜ日本政府は理解できないのか、もどかしかった。

国民の人権を無視しておきながら、全員を救い出すという矛盾をどう打開するのか、日本政府が真剣に考えている節もない。

私は考えた。その道は一つしかないと。

金正日総書記はもはや故人である。小泉再訪朝のときに、金総書記は「再調査」を確約した。それを終えないまま亡くなったので、遺訓である、と解釈する。遺訓に基づき金正恩第一書記が再調査した結果、生存者がいた。遺訓に基づく再調査の結果だからこそ、金総書記の面子(メンツ)はかろうじて保たれる……非常に厳しいシナリオではあるが。

第三章　拉致被害者を利用したマドンナ

「家族会」の前に現れた高貴な女性

二〇〇二年九月二七日、東京・永田町キャピトル東急ホテルのレストランで朝食をとっている「家族会」のもとへ、一人の女性が訪ねてきた。

「中山と申します。今日からみな様のお手伝いをさせていただくことになりました。どうぞよろしくお願いします」

物腰の柔らかい人で、その語り口は皇室関係の高貴な人かと思わせるほどか細く、穏やかだった。聞けば名前は中山恭子さんといい、二六日付けで拉致被害者・家族担当の内閣官房参与に任命されたのだという。

「参与というのはいいけれど、何か頼りなさそうだ。大丈夫なのか？」というのが、率直な印象だった。しかし、あとで知らされるのだが、その清楚な物いいと立ち振る舞いとは裏腹に、実は一本筋の通った強硬派だという。のちに週刊誌で、「若い頃から酒豪で大のマージャン好き、昼間の上品な雰囲気とガラリと変わり、くわえタバコで姐御肌（あねごはだ）の豪快な手を打つ」といった記事も目にした。硬軟併せ持ったマドンナだ。

前職は、在ウズベキスタンおよび在タジキスタンの特命全権大使。隣国キルギスの南西部オシェ州で日本人鉱山技師四人を含む七人がウズベキスタン反政府武装グループに拉致された「キルギス日本人誘拐事件」が発生したときには、キルギス政府に交渉を一任せよという外務省の方針に背き救出を指揮。武装グループに対して影響力を持つタジキスタン政府や関係者を通じて交渉・説得を行い、人質の解放に成功したという逸話がある。

そのような実績を買われての登用だったのだろう。同時に中山参与の下に関係省庁、関係機関が連帯して「参与室」が設置された（「参与室」は一一月五日に「内閣官房拉致被害者・家族支援室」と改称される）。これにより、私たち家族にとっての政府窓口が開設されたことになる。

中山参与の代わりに「ロジ担」を

二〇〇二年一〇月一二日、私と両親、地村保志さんの父・保（たもつ）さん、濵本富貴恵さんの兄・雄幸（ゆうこう）さんは、内閣府の建物にある「参与室」に呼び出された。重要な話があるということだった。すると中山参与は、

「実は生存とされた五人が帰ってきます」

と切り出した。みなが驚きの声を上げると、続けてこういった。

「ただし今回は五人だけが対象で、期間は一週間程度の『一時帰国』です。次回は家族全員揃って帰国する。そういう約束が北朝鮮側とできています」

そして「今回の『一時帰国』をみなさん受け入れますか」と中山参与。「一時帰国」というのは解せないが、次回もあるということだし、会えないよりも会えたほうがいいに決まっている。

他の家族もほぼ同様な考えであったが、ただ一人、地村保志さんの父・保さんだけが、「なぜ全員帰って来んのや」と難色を示した。しかし保さんを説得し、私たち家族は「一時帰国」を受け入れることに同意した。その期日は一〇月一五日だった。

それまでのあいだ「参与室」の動きは鈍く、「一時帰国」に向けての準備や調整など、外務省でいう「ロジ担」(ロジスティック担当)をなぜか私が担う羽目になった。こんな事務的な業務さえ処理できないほど、当時の「参与室」にはマンパワーがないのか、そもそもやる気がないのか、割り切れなかったが、仕方がない……。

羽田VIP室の人選まで家族が

さて五人を乗せた飛行機は当日、通常の到着口ではなく、羽田空港のVIP室の近くに到着するという。誰が迎えに行くのか、VIP室には誰が入るのか……家族は当然だが、なんと国会議員をはじめ地元の県会議員など多くの政治家からの参加申し込みが殺到した。それを絞り込み、外れた人たちへ丁重なお断りをするのに大変な苦労をしたことを覚えている。

大型バス二台で、「家族会」が宿舎にしていた友愛会館（東京・港区芝）から羽田空港に向かうことになっており、誰がどのバスのどの席に座るのかを決めた。当日エスコートしている際に、「何で君がそんなことをやっているのか」と、ある国会議員にいわれたが、できたての「参与室」の人間にはやる気が見えなかったので、致し方のないことだったのである。

私は五人を迎えるに当たり、花束がいるだろうし、せめて「おかえりなさい」と書かれた歓迎の横断幕があったほうがいいと考え、「参与室」に依頼してみた。しかし、返事は、「予算と時間がありませんので、国では用意できません。花屋の紹介はできます。ホテルでも注文できますよ」

という小馬鹿にしたものだった。がっかりしたが、自分たちで用意するしか方法がなかった。結局、国が用意したのは、紙製の日の丸の小旗だけだった。

——一〇月一五日。天候は快晴であった。が、私は連日の「ロジ担」で睡眠不足もあり、疲れ切っていた。

中山恭子

中山参与は、平壌へ五人を迎えに行ったのだが、和菓子を振る舞って北朝鮮当局の硬い気分を和ませたとか、難航を想定して何日分もの着替えを持っていったなどといわれている。しかし五人を引き取ったあと、北朝鮮側に対し、「必ず一週間程度でお返ししますから」と告げたともいわれている。

羽田空港到着後、タラップから先頭をきって地村富貴恵さんと手を携えて降りてくる中山参与の姿は、テレビで全国に生中継された。このため中山参与は一躍有名になり、拉致被害者の帰国は彼女の大きな功績であると称えられた。

このとき、果たして中山参与は、本当に「次回の帰国がある」という気持ちを持っていたのだろうか。私は弟に再会して一言話した瞬間、次回などありえないと確信したのだったが。

そして、弟が日本に留まる決断をするまでの九日間、中山参与が弟の帰朝を止めたことは一度もなかった。中山参与を責任者とする「参与室」の職員は、「一時帰国」した五人が日本でのスケジュールを大過なく消化することだけに労力を傾注していたように見えた。

もとより「参与室」が作成したスケジュールには、「(子どもたちへの)お土産の購入」という項目が明記されていたのだから、「早く帰ってくれ」程度の気持ちでいたのかもしれない。

一〇月二四日、新潟県赤倉温泉滞在三日目の早朝、弟の「北朝鮮には戻らない」という決断を電話で聞いた中山参与は、弟の決意が固いのを見てようやく動き出し、「約束を破ることになる」と渋る官邸や外務省と協議し、その結果「滞在延長」という日本政府の方針が決定されることになった。

朝日新聞が福田康夫に語らせたわけ

二〇一五年九月六日付朝日新聞に、二〇〇二年当時官房長官だった福田康夫元首相のインタビュー記事が掲載された。タイトルは「永住帰国　被害者の意向重視」——「北朝鮮拉致『一時帰国』の5人戻さぬ決定」「当時官房長官　福田氏語る」というものである。この記事について触れたい。

「一時帰国」が、いかに理不尽(りふじん)なものであるかは、既に述べた。「被害者の意向重視」といえば聞こえはよいが、実は被害者に対しては非常に冷たい扱いなのである。つまり「被害者の意向」とは、「被害者が北朝鮮へ戻るのか否か」を意味し、そこには「被害者は元来日本人であり、日本にいて当然である」という基本的認識が欠如している。

もし、「二四年間も日本を離れていたのだから、どういう意向かわからない」と考えているのであれば、本末転倒も甚だしい。日本にいることができなかった責任の一端は、早期救出をしなかった日本政府にあるのだから。

長いあいだ自由にものをいうことをせず、自己抑制という手段によって生き延びてきた弟たちにとって、たとえ日本の地であっても本音を語ることが難しいという事実を、日本政府は理解していない。「意向重視」といって、かえって彼らを苦境に追い込んでいる。日本政府に国民を保護するという意識がいかに希薄であるか、如実(にょじつ)に示している表現だといえる。

「日本政府が苦慮したのは、5人を再び北朝鮮に戻すか否か、ということだった」と記事の冒頭近くに記されているが、冗談ではない。苦慮したのは、弟のほうだ。日本政府が苦慮するくらいなら、そもそも「一時帰国」との約束を北朝鮮としなければよかっただけの話である。

子どもたちを人質にとられながら、両親と二四年ぶりの再会を果たし、「日本に留まって親を取るか、北朝鮮へ戻って子を取るか」という苦渋の決断を迫られた弟……そのような窮地に陥ることになったのは、間違いなく日本政府の責任だ。被害者の人権など微塵(みじん)も考えていない。

「北朝鮮に戻れば、5人が再び日本に来られる保証はなかった」とある。だが、我々が日本政府から受けた説明は、「今回は『一時帰国』。次回は全員揃って帰ってくる。そういう約束が北朝鮮とできている」というもの。記事は明らかに事実と異なる。

また、一〇月二二日、首相官邸の官房長官室で、中山参与が「国の意志として戻すべきではない」と主張した、と書かれている。しかし、その時点で、中山参与から同主張が弟や私たち家族に伝えられることはなかった。

第一に中山参与は、五人を平壌に迎えに行ったとき、「必ず五人を戻します」と北朝鮮側に伝えたといわれている。さらに、弟たちと行動を共にした中山参与の部下たちは、粛々と「一時帰国」の日程を消化することに傾注していた。これらのことから、中山氏の主張を、にわかに信じることはできない。

一〇月二三日午後二時半ごろ、「5人を戻さない」との方針を掲げた文書案を持ってきた安倍晋三官房副長官らに、福田氏は五人の意向を確認するよう指示した。その日の午後四時過ぎ、安倍氏が「携帯（電話）で全員の確認を取りました。帰らなくてもよいということでした」との報告をした。それを受け福田氏は、それならばと五人を戻さないことを決め、小泉首相に報告をあげることにした。

概略、以上のことが記事には書かれている。しかし、弟が「北へは戻らない。日本に留まる」と中山参与に電話で伝えたのは、一〇月二四日の朝である。一〇月二三日、私たち家族は、「どうしても弟たちを北朝鮮へは戻さない」という小泉首相宛ての声明を記者会見で出したが、この時点で弟は、まだ決断はしていない。すなわち、「意向」は明らかにしていないのだ。

この記事で、朝日新聞が何を伝えようとしているのかがわからない。福田氏の自己弁護なのか、当時の政府内の動きをまとめた単なるドキュメンタリーなのか……前述の通り、いくつかの事実誤認もある。いまになって、当時の様子をただ細かく伝えることに、何か意味はあるのか。首を傾げざるをえない。

なぜ、日本政府は、被害者の人権を蔑ろにする「一時帰国」を北朝鮮側と約束（記事中に「約束」とは書いていないが）したのか？　誰がそれを発案、決定、約束したのか？　その後の拉致問題の展開には、どういう展望があったのか？

本来、朝日新聞は、こういったことを検証し、伝えるべきではないのか。このままでは、福田氏の提灯持ち記事と称されても仕方があるまい。大きな疑問を感じる。

拉致被害者の居候暮らしに国は

弟は決断し、日本で再び暮らすことになった。マスコミは「日本永住」と報道していたが、その言葉を私は好まなかった。「一時帰国」の対義語として使用していたものと想像されるが、それは的外れだ。

「永住」など当たり前のことなのである。暮らすといっても「衣」「食」「住」何一つ揃っていない。もちろんそれを整える資金などない。着の身着のままで帰ってきたのだから。

そこで、年金暮らしの両親を頼るしかなかった。最初は何とか切り盛りしていたが、だんだん生活が立ち行かなくなってきた。「国に相談しよう」と、母が地元に駐在している「参与室」の職員に訊いた。

「洋服の整理ダンスがほしいのだが助けてくれないか」

すると職員は、

「三万円まででしたら、お出しできます」

と答えた。母は、

「それでは買えない。うちでも負担するから三万円分は出してもらえるか」

とさらに質問すると、

「ダメです。あくまで三万円のものに限ります。三万円の領収書をください」

と職員。

「領収書を分けてもらうから」

そう母がいうと、「それは困ります」という杓子定規な言葉が返ってきた。「何て融通が利かないんだ。国が支援すると中山参与はいっていたじゃないか」と、母は怒り心頭だった。

年末年始を控え、台所を預かる母の不満が爆発した。

「食費が馬鹿にならない。中山参与にいってやる」

そうして電話した。

「食材を買うにもお金がかかります。急に二人も家族が増えたので、我が家の家計は大変なのです。国で何とかしてもらえませんか」

そういう母に対して、中山参与は、

「スーパーマーケットでお買い物をする場合、お母様たちの分と薫さんたちの分を別にしてもらえませんか。薫さんたちの分のレシートをいただければ、お支払いいたします」

……驚くべき回答だった。

「そんな買い物の仕方はしません。第一、みんなの食事を作るのに、わざわざ食材を別々に買いますか？　もう結構です！」

母は逆上した。そのあと、「二四年間も見放しておいて、やっと帰ってきたというのに、何もしてくれないんだね、国は」と、寂しそうに呟いた。

金日成バッジを外すまでの葛藤

帰国から二ヵ月ほど経った二〇〇二年一二月一八日、弟たち五人の拉致被害者は、お互いに近況報告をする目的で、新潟市内の「ホテル新潟」に集まった。このとき、彼らの胸には、依然として金日成（キムイルソン）バッジが煌々（こうこう）と輝いていた。

私は、日本で再び生活すると決めた以上、「バッジを付けているのは支援してくださる国民のみなさんに失礼だし、矛盾している」と考えていた。「北朝鮮に残されている子どもたちのことが心配であるのは理解できるが、やはり、ここはきっぱりとけじめを付けるべきではないか」と説得するつもりで、新潟へ駆け付けた。

あらかじめ受けていた弟からの相談に対しては、「みんながバッジを外したいのなら、タイミングを見て外せばいい。北朝鮮から何かをいわれても、自分たちの主張を貫けばいい」そう答えた。彼らにも相当な葛藤（かっとう）があったのである。

地村保さんも、「バッジを外すことは北朝鮮と縁を切ることであり、それは息子の子どもたちとも縁が切れることにならないか」と心配していた。これには「当初計画していた滞在期間を延長し、縁は既に切れている」と説得した。

「五人が一堂に会する機会はそうはない。今回がバッジを外す絶好のチャンスだ。早く北朝鮮と縁を切ってしまえ」、そう考えたのだ。

その強い意思を同席していた中山参与に伝えた。当然「そうしましょう」という答えが返ってくるものと思っていたのだが、意外にも中山参与の口からは、「そんなに焦（あせ）ることはありませんよ。のんびりやりましょう」という趣旨の言葉が発せられた。

「一緒になって説得してくれると期待していたのに、ひょっとしてこの人は、五人を連れ帰ったことで安堵しきっているのでは？」という疑念が頭をもたげた。

と同時に、「そういえば、一〇月五日、安倍官房副長官と一緒に実家を訪ねてきた際、中山参与は残された子どもたちのことには、あまり触れていなかったな」と思い起こした。

結局、日本政府の協力を受けることなく、むしろ政府の意に反して「北へ戻るな」と説得したばかりの私が、「バッジを外せ」と再度説得することになった。今度は弟だけではなく、五人が相手だった。話し合いは夜遅くまで続いた。

弟は、「要は理屈なんだよ」といいながら、「私は日本人として暮らすことにしました。北朝鮮のために尽力することは不可能な立場になりましたので、バッジを謹んで返納いたします。ご査収ください」というのはどうだろうという私の提案には首を縦に振らず、みんなの意見もまとまらなかった。

なかでも曽我ひとみさんが最も消極的だった。「みんなの意見に合わせます」というばかり。しかし、単身で帰ってきたのだから無理もない。最終的には、翌日の記者会見までに各自が考え判断するという結論でまとまった。

翌朝、期待薄と考えながら記者会見に参加した。すると現れた五人の胸に金日成バッジはなかった。正直驚いたが、「もはや朝鮮公民として、その権利・義務を全(まっと)うできないので、バッジを付けている意味がなくなりました」という弟のコメントには、もっと驚いた。

五人が金日成バッジを外したいと思うようになったこと、そして何より「朝鮮公民ではない」とはっきり宣言したことが嬉しかった。

「よし、次は子どもたちの帰国だ」——私はそう胸に刻んだ。

月に一度でも国から連絡があれば

「北朝鮮は近いうちに弟たちの子どもを返すのではないか」という私たちの淡い期待は、見事に裏切られた。日に日に焦りや苛立(いらだ)ちが増大していく弟の言動に対し、何も答えることができない。歯がゆい思いのまま、時間だけが経過していった。

そのうちに中山参与を始めとする日本政府からの連絡も途絶えるようになった。曽我ひとみさんは、あるとき次のようにつぶやいた。

「国はもう、私のことなんて忘れてしまったんですかね」

この彼女の言葉は、いまでも私の耳の奥に響いている。

月に一度でも「お元気ですか」という一言があれば、まだ自分が忘れられていないことが確認できて安心できるのに、とも語っていた。

日朝協議もうまくいかず、長い停滞が続くなか、なんとNGOレインボーブリッヂ事務局長の小坂浩彰（こさかひろゆき）氏が、秘かに北朝鮮当局と子どもたちを返す交渉を進めていた。氏はまた北朝鮮に残された子どもたちの手紙や写真を持ち帰り、彼らの消息を明らかにした。二〇〇三年七月のことだ。

小坂浩彰

当時は、「胡散臭（うさんくさ）い、カネ目当てのエージェント」などと、マスコミの小坂氏に対する論調は否定的なものが多かった。しかし小坂氏によれば、「こんな非人道的なことはない。早く日本に返しなさい。あなたがたも人の親だろう」と、北の党幹部を説得しているとのことだった。

のちに子どもたちと弟との手紙のやり取りを仲介してくれたり、直近の子どもたちの様子を撮影したインスタントカメラを現像することなく私に提供してくれたことを考えると、マスコミの「カネ目当て」という報道は的を射ていなかったと考えている。

帰国のチャンスを握りつぶした人物

さらに驚いたことには、二〇〇四年になって、小坂氏が子どもたちの帰国について北朝鮮側との合意を得たというのだ。

「これから先は国対国の問題だ」と、小坂氏は平壌から中山参与に電話をして日本政府に動くよう要請したのだが、見事に断られたとのこと。「余計なお世話だ」といわんばかりだったという。

のちに小坂氏は、日本政府には「名より実を取れという気概がない」と語った。ショックだったのは、「もし日本政府が、あのとき受け入れていれば、子どもたちは数ヵ月以上早く帰国できた」という話を聞いたときだった。

そうだとすれば、中山参与も自分（もしくは政府）の手柄にならないことはしないということだ。ちなみに、弟が子どもたちを待つ間、安倍氏と中山氏は、弟のもとを訪れ激励の名のもと、「何かあったら、こちらにも考えがある」などと、マスコミにアピールするパフォーマンスを行った。

周知の通り、二〇〇四年五月二二日、小泉首相の再訪朝により、曽我ひとみさんの家族を除く子どもたち五人が帰国した。

この小泉首相の再訪朝時の合意通り、曽我ひとみさんの家族との面会は、中国・北京で行われる方向で進められていた。二〇〇四年五月三〇日、杉浦正健官房副長官と中山参与が新潟県佐渡市を訪れ、曽我ひとみさんと面談したことで、北京での再会は決定的になった。

私は曽我さんの意向を聞いていたので、「本当のことを政府に伝えたほうがいいよ」とアドバイスした。それを受け彼女は、翌日、佐渡市の支援室を通じ、

「家族との再会場所が北京と報道されていますが、できれば北京以外で再会したいと思います」

杉浦正健
というコメントを出した。またコメントで、「中山参与には真意を伝えてあります」とした。このことから当初、中山参与は曽我さんの真意を知っていながら、杉浦官房副長官とともに佐渡市を訪れ、北京案を進めていたことになる。
しかしその後、中山参与は、北京以外の面会場所を模索する方向に転換した。北朝鮮の影響が大きい北京で面会したのでは、曽我さんの夫チャールズ・ジェンキンスさんや子どもたちを来日・帰国させるのは困難、そう判断したものと想像される。
「来日・帰国がなされないのでは手柄にならない」——邪推かもしれないが、そうしたした

たかな対応が透けて見えるような気がした。

最終的に、曽我さんの家族との面会はインドネシア・ジャカルタで行われることとなった。ジャカルタの空港において、ジェンキンスさんを熱いキスで迎える曽我ひとみさんの姿は有名になった。

こうして七月一八日、曽我さん一家は無事、来日・帰国を果たした。この一件で中山参与は得点を重ねることになったが、これが最後のゴールであった。

当選のために拉致被害者と対談を

二〇〇四年九月、中山恭子氏は任務を果たし終えたとして、内閣官房参与を辞任した。その後、二〇〇六年九月二六日、第一次安倍内閣の内閣総理大臣補佐官（北朝鮮による拉致問題担当）に任命されるとともに、同時期に設置された拉致問題対策本部の事務局長に就任した。しかし、これといった成果を残すことはできなかった。

すると二〇〇七年になって、中山氏が七月の参議院議員通常選挙に出馬するという声が聞こえてきた。「結局そこか。また政治利用だ」——呆れてものもいえなかった。

しばらくして中山氏から弟のところへ連絡があった。「あの羽田のタラップの写真、使ってもいいでしょうか？」というもの……選挙のパンフレット用だという。「いい加減にしてほしいな」と私が嘆くと、弟は「兄貴、まあそういうなよ。断るわけにもいかないだろ」といさめるのだった。

最終的に中山氏は、自民党から比例区で立候補、三八万五九〇九票を獲得して当選した。事前に中山氏の選挙対策陣営は、圧倒的な知名度があることから、一〇〇万票は下らないと豪語していたらしい。が、図らずも、それには遠く及ばない得票数に終わった。

その後、中山氏は政治家として福田内閣で拉致問題担当大臣、福田・麻生両内閣で内閣総理大臣補佐官（北朝鮮による拉致問題担当）などを歴任するが、膠着状態の拉致問題を進展させることはできなかった。

二〇一三年、中山氏の二期目の選挙は、日本維新の会から立候補することになった。その選挙前、中山氏はなぜか私たちの地元、新潟県柏崎市で講演会を開催した。そして、そこに弟を招き、対談を行ったのだ。私は、「この期に及んで、まだ過去の栄光にすがるのか」と、心底驚いた。

対談の終了後、弟が「拉致問題を何とか進展させるため、これからもご尽力のほどよろしくお願いします」と要望したところ、中山氏は「私はもう政府の一員ではありませんから」と答えたという。「何もできないということか」……我関せずといった態度に、弟は立腹するとともに、落胆した様子だった。

当初「『家族会』の母」と称賛された中山氏であったが、その中山氏をもってしても、五人の拉致被害者の帰国、その家族の帰国・来日に関わった以外、拉致問題を進展させることはできなかった。

中山氏は結局、拉致被害者を踏み台にして参議院議員となり、自身の生業(なりわい)を確保した。いまはそんな中山氏に失望するばかりである。

第四章　情報はゼロの外交官

「安否リスト」の発表が遅れた理由

田中均氏は、小泉純一郎政権のアジア大洋州局長として、「ミスターX」と呼ばれる北朝鮮側代表者との水面下の交渉を数十回重ね、二〇〇二年、小泉首相の電撃訪朝を実現させた。その意味では、「功」は極めて大きなものがある。それ以降、田中氏ほど日朝間に太いパイプを持った外交官がいたかといえば、いない。

一方、私たち拉致被害者の家族は、何もしてこなかった外務省に対して恨み骨髄だ。田中氏自身に対しても、日朝平壌宣言の締結を重視するあまり、拉致問題を軽視したことは許せない、そう考えている。「九・一七」直後の外務省の家族への対応がいかに、いい加減なものであったかは、前述した通りである。

田中氏は世間から「北朝鮮の回し者か」と、バッシングを受けた。自宅で爆弾事件まで起こった。「家族会」や「救う会」の田中氏への怒り、不信感は頂点に達した。私自身も田中批判の急先鋒として、声を荒らげたこともあった。

その原因となった田中氏の一連の言動を列挙しよう。

まず二〇〇二年九月一七日、日朝首脳会談の際、田中氏を含む訪朝団（トップはもちろん小泉首相だが）は、北朝鮮側から「拉致被害者がその後どうなったのか」が記載された、いわゆる「安否リスト」を受け取った。

そのリストは、正午過ぎに日本の官邸で待つ福田康夫官房長官に送られたが、その内容が「家族会」や平壌で取材している日本のマスコミに明かされたのは、夕方になってからだった。田中氏が「安否リスト」を受け取ってから約五時間が経過していた。

田中氏は、「翻訳に時間がかかった」と弁解したが、リストは紙数枚に箇条書きにされたものであり、とても五時間もかかるような代物(しろもの)ではない。なぜ、それだけの時間を置いたのか？　簡単である。その間に、日朝平壌宣言が締結されたからだ。

もし正午過ぎにリストの内容が「家族会」やマスコミに伝えられたならば、批判の嵐が渦巻き、とても日朝平壌宣言どころではなかっただろう。実際、夕方、「五人生存、八人死亡」というニュースが伝わったときの、家族会の悲嘆にくれた記者会見は、記憶に新しいのではないか。

なお、田中氏は帰国後も、北朝鮮が示したリストにはあった「八人の死亡日」を明らかにすることはなかった。その理由はよくわか

田中均

らない。ただ、「死亡」という通告に大きなショックを受けていた私たちは、その日付などに関心が回らなかったのも事実だ。

結局、死亡日や理由などの情報は、一〇日以上経って、北へ調査に行った日本政府の調査団から伝えられた。

続く二〇〇二年九月二七日。田中氏は「家族会」の面々に向かって、見るからに事務的な表情で、被害者の本人確認をするため身体的な特徴などの情報を提供するよう切り出した。「何をいまさらいっているのだ。長年の不作為について謝罪せよ」という「家族会」の要求には、一切応じようとはしなかった。この日を最後に、田中氏は「家族会」の前に顔を出すことがなくなり、あとは齋木昭隆（さいきあきたか）審議官に任せる、丸投げする形となった（これについては後で詳述する）。

そして一〇月一日、アメリカのジェイムズ・ケリー国務次官補が米朝交渉前に来日した際、田中氏が福田康夫官房長官とケリー次官補との会談を設定せず、代役として田中氏自身が日朝問題をテーマに会談した。このため、日本政府はアメリカ側に拉致問題解決への協力を要請する機会を失ったと聞いた。

おそらく田中氏は、北朝鮮に対して強硬な態度を表明しているアメリカが、拉致問題へ関与してくることを回避したかったのだろう。

拉致被害者を北に帰したかった局長

二〇〇二年一〇月一五日、弟たち拉致被害者五人が帰国したとき、田中氏は、「五人はあくまで一時帰国であり、北朝鮮に戻すべきだ」と主張した。「一週間程度の一時帰国」という約束を北朝鮮側と交わしていたからだ。マスコミ関係者から聞いたのだが、田中氏は強硬にこう語ったという。

「(五人が帰朝しなければ) 日朝間の信頼関係が崩壊してしまう。(今後の) 日朝協議の継続が不可能になる」

現実には、田中氏の意に反して五人は日本に留まった。日朝間の信頼関係にヒビが入ったのは事実としても、それより拉致被害者が母国で元通り暮らすほうが、はるかに価値あることではなかったか (実際は元通りに暮らすことはできなかったのだが、それについては前述した)。

その後、小泉首相の再訪朝などしばらく日朝協議は続くが、やがて田中氏の指摘通り膠着状態になってしまった。しかし、それは五人が帰朝しなかったことが原因ではなく、経済制裁などが大きな要因になったと考えている。

二〇〇二年一一月二八日、北朝鮮から「ジェンキンス氏が入院した」との通告があった。

これに対し官邸側は、「ジェンキンス氏を日本で治療するため来日させるよう北朝鮮に要求しろ」と指示した。田中氏は「そのような要求は不可能」とこれを拒んだ、そう政府関係者から聞いた。

もちろん、アメリカ人であり、しかも脱走兵であるジェンキンス氏を、たとえ曽我さんの夫だからといって、日本に連れてくることは、外交上考えられない。外交官としてリアルなものの見方をした結果だとは思うが、率直にいって私たち家族は、「田中さんはどっちを向いてものをいってるんだろう」と歯がゆかった。

翌二〇〇三年五月一五日、日米首脳会談を控えて田中氏は秘密裏に訪米し、リチャード・アーミテージ国務副長官、ケリー国務次官補らと会談した。その席で、「金正日体制の維持を前提にしたうえで、対話路線を継続していくことが重要だ」と強調したといわれる。

アメリカ側は「我々の考えと相反する」と拒絶した、そうマスコミが伝えた。日本は金正日総書記と会談をしているのだから、これも外交のルールとしては、北政権を認めていないアメリカとは立場が違う。これに関しては「救う会」が大いに反発するのだが、それは次章に譲る。

直後の五月二二日から二三日にかけて、小泉首相はアメリカ・テキサス州クロフォードにあるジョージ・ブッシュ大統領の私邸を訪問、日米首脳会談を行った。田中氏は会談直前まで、「圧力」という言葉の使用を控えるよう小泉首相に進言した。田中氏は、あくまでも北朝鮮に対しては宥和的に、との自説を貫きたかったのだろう。

しかし小泉首相は会談で、「対話と圧力が必要だ」と主張した。また、「もし、北朝鮮が更に事態を悪化させれば、一層厳しい対応が必要になる」とも述べた。

会談後、田中氏は首脳会談のプレス発表用文書から「圧力」の文字を消去し、強引に自らの主張を押し通そうとした旨の報道があった。首脳会談の結果、小泉首相が「対話と圧力」と主張し、拉致問題へのアメリカの協力が表明されるなど、田中氏が目指す日朝国交正常化にとって望ましくない方向へ行ってしまう。そんな田中氏の、相当に追い詰められた末の行動と想像される。

石原都知事の「爆弾」発言の裏で

二〇〇三年の春だったと記憶する。「家族会」と「救う会」との会議で、地方の「救う会」代表が自慢げにこう発言した。

「田中均の自宅住所を手に入れた。これからその住所を記した書類を配付する」

「数々の田中の不快な言動に対し、みんなで自宅へ直接、抗議文を送ろう」

なぜ、機密事項であるはずの外務省高官の自宅住所などがわかるのか？　一瞬、会議室はざわめいたが、すぐにその発言に煽られるかのように、同調の気炎に包まれたことは忘れられない。どうも、その人物は、右翼団体関係者から情報を入手したらしいのだが、「いくらなんでも、それはやり過ぎだろう」と私は考え、抗議文を書くことはしなかった。

また、雑誌「Voice」は、田中批判の特集を組んだ。「田中審議官に『天誅』を」というタイトルで、あの直木賞作家・深田祐介氏まで「檄文」を寄せていた。実は私もここに対談で登場し、過激な発言をしていて、いまから思うと顔から火が出るほど恥ずかしい。

そんななか、二〇〇三年九月一〇日、「建国義勇軍国賊征伐隊」を名乗る右翼団体によって、田中氏の自宅ガレージに爆発物が仕掛けられる事件が発生した。

外務省からは、早速、次のような談話が発表された。

「本件犯行の動機・背景等を詳らかにするものではないが、暴力や脅迫を用いたこのような行為は容認することができない」

「本件については、現在捜査当局によって捜査中であると承知しているが、外務省としては本件の重大性に鑑み、厳正な捜査が行われることを期待する」

私は、田中氏は批判されて然るべきではあるが、どんな不手際があったにしても、爆弾によるテロを正当化してはならないという立場だった。

しかし、ことはそれだけでは済まなかった。同日午後、当時の石原慎太郎・東京都知事が、「爆弾を仕掛けられて、当ったり前の話だ。いるか、いないかわからないミスターXと交渉したといって、向こう（北朝鮮）のいいなりになる」と発言したのだ。

とんでもない暴論だった。家族や国民が怒っているからといって、爆弾を仕掛けてもいいのか。いやしくも行政の長たる者の発言とは思えなかった。

「家族会」や「救う会」もすぐに反応した。横田滋代表は、「田中さんの行ったことは確かに功罪がある。言葉で批判することは大いに結構なことだと思うが、テロを認めるような発言は問題だ。発言を取り消してほしい」と訴えた。

一方、「救う会」は、

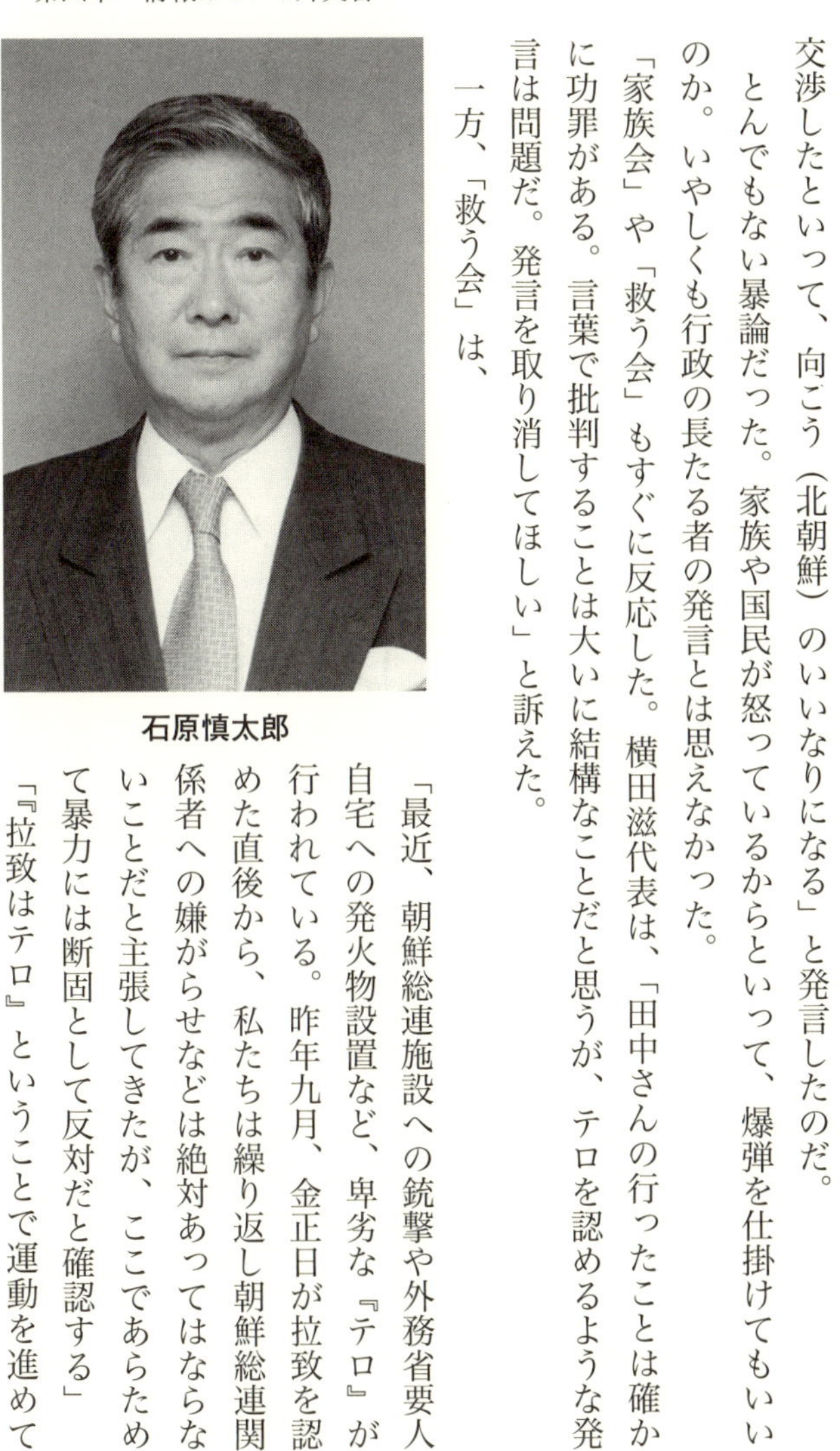

石原慎太郎

「最近、朝鮮総連施設への銃撃や外務省要人自宅への発火物設置など、卑劣な『テロ』が行われている。昨年九月、金正日が拉致を認めた直後から、私たちは繰り返し朝鮮総連関係者への嫌がらせなどは絶対あってはならないことだと主張してきたが、ここであらためて暴力には断固として反対だと確認する」

「『拉致はテロ』ということで運動を進めて

おり、知事も支持してくれていた。信じられない気持ちだ。真意を聞いてみたい」などと述べた。その後、「救う会」が石原氏の真意を確認したのかどうかは明らかでない。コメントを求められた小泉首相は、「仕掛けられたほうが悪いというのはおかしいね。何があっても仕掛けたほうが悪いんだ」と答えた。

あの産経新聞すら、社説で次の通り書いた。

〈【主張】テロと石原発言　発火物や銃は卑劣な手段
石原慎太郎・東京都知事は自民党総裁選候補の応援演説で、この事件に触れ、「爆弾が仕掛けられて当たり前」と述べた。歯に衣着(きぬ)せぬ発言で知られる石原知事だが、これは明らかに言い過ぎであろう。十一日夕の応援演説で、石原知事は「そんなことがあっていいとは思っていない」と発言を微修正したが、都民の期待の大きい石原知事だけに、口がすべった部分は潔く撤回する方が賢明ではないか〉

当の外務省はといえば、田中氏本人のコメントはなく、副大臣の茂木敏充(もてぎとしみつ)氏が、記者会見でこう答えている。

「石原知事の発言を直接聞いてはいませんが、そういう、たとえば暴力行為が許されるという趣旨で発言したとは到底考えていません」
「発言の趣旨については、都庁のクラブもあるわけですから、そちらでお聞き頂きたい」
つまり、抗議するつもりはない、無用な衝突は避けたい、ということだったのだろう。

被害者と家族を尊重しない態度

渦中の田中氏は、意外にも二〇〇五年夏に退官してしまう。大使への転出を打診されたが、辞退したのだという。まだ五八歳という若さだった。

大使から外務事務次官というのが出世コースだと思っていたが、田中氏と同期の谷内正太郎（やちしょうたろう）氏が外務事務次官に就任したことが影響しているのだろう。そうやって同期を振るい落としていく外務省のシステムは、いったいなんのためなのか、よくわからない。

ともあれ、二〇〇二年から退官まで、田中氏が一貫していたのは、さまざまな問題に関し「家族会」に対して一切の説明や釈明をしなかったことである。なぜなのかは、本人のみが知るところだ。ただ、「外交のプロである私がやっていることに、いちいち口を出すな」という雰囲気が、彼の表情から伝わってきた。

田中氏は、退官後、まったく表舞台には登場しなくなってしまった。二〇〇二年九月以降、「家族会」への対応は、もっぱら齋木氏が行うようになった。田中氏の秘密保持の徹底ぶりは見事というしかない。

それは、「守秘義務」の壁が立ちはだかっているからであろうが、「ここだけの話だが」と、私たちに説明してくれてもいいのでは、と何回考えたかわからない。なぜ、弟たちの帰国を「一時帰国」としたのか。田中氏の考えていた「拉致問題の解決」とはいかなるものだったのか。水面下の交渉で拉致被害者が八人死亡しているということが「ミスターX」から知らされていたのか。……訊きたいことは山ほどある。

真実は墓場まで持って行くのだろうか。田中氏は、そういう意味で、いかにもエリートの外交官らしく、筋を通したつもりかもしれない。だが、一貫した「拉致被害者と家族を尊重しない態度」は、とても納得のいくものではなかった。

以下、その辺の事情を少し詳しく見ていきたい。

外務省の手柄にならないこととは

二〇一五年の初め、過激派組織イスラム国（ＩＳ）による湯川遥菜氏と後藤健二氏の殺害事件があった。政府・外務省は、常套句である「あらゆる手段を尽くす」と表明していた。

私は、ご両人のご家族には申し訳ないが、日本政府の対応を憂慮していた。菅義偉官房長官はＩＳに対し、「交渉すべき相手ではない」とすると同時に、常岡浩介氏と中田考氏という民間のチャンネルを完全に無視していたからである。無視どころか逆に犯罪者扱いにしていた。実際、常岡氏の自宅には家宅捜索が入り、氏のパソコンその他が押収された。そこが私には理解できない。

政府・外務省は、多元外交を嫌う。しかし私はこれを、時代の流れに反することだと思う。

似たような経験がある。山崎拓衆議院議員が中国で北朝鮮高官と拉致問題に関して接触したことがあった。その内容をぜひ当人に聞きたいと、私は山崎氏を訪ねた。それが「家族会」や一部マスコミからも大批判を受けた。二元外交はけしからんというのだ。

山崎拓

理由はまったくわからなかった。外交は一枚岩でなければならないという時代錯誤の発想から来るものと推察はされた。

そういうと聞こえはいいが、要は自分たちのハンドリングでないと気に食わない。二〇一五年の鳩山由紀夫元首相のクリミア訪問も然りだ。

前述したが、NGOレインボーブリッヂの

小坂浩彰氏が中山恭子氏に電話をしたときもまったく同じ。結局、日本政府・外務省は、自身の手柄にならないことはすべて排除する、そういう体質であることを改めて痛感したのである。

「みな様のご家族の特徴を教えて……」

拉致問題への取り組みの本気度は前述の通りであるが、弟たちが拉致されてから二四年間以上、日本政府や外務省、もちろん警察庁も、実は何もしていなかったのだ。

二〇〇二年の小泉訪朝一〇日後の九月二七日、北朝鮮での拉致被害者の実態を把握するため、外務省を中心とする調査団が訪朝することになった。訪朝当日、「家族会」はちょうど小泉首相との面会を控え、都内のホテルに宿泊していた。面会は午後からであったが、午前中、外務省のメンバーがホテルを訪ねて来た。田中均局長と齋木昭隆審議官などだった。

会議室に集まった「家族会」を前に、田中氏が「これから調査のため北朝鮮へ出発します」と切り出した。「北朝鮮では、どこへ行くのですか?」との問いには、「決まっていません」と田中氏。「誰と会うのですか?」にも、また「決まっていません」との答え……。そしておもむろに、田中氏が口を開いた。

「調査に当たり、みな様のご家族の特徴を教えていただけませんでしょうか?」

……この言葉に、私たちは絶句し、一瞬あとになって激高した。開いた口が塞（ふさ）がらないとは、まさにこのことだ。

「あなた方は、いままで何をやっていたのですか！　そんな基礎的な情報さえ得てないのですかっ！　これは二四年以上何もしていなかった証拠ですね」

私もつい声を大きくして追及した。すると田中氏は、「我々は我々なりに努力してきたんです。理解してください」と嘯（うそぶ）いた。

それから「謝罪しろ」「理解してくれ」の押し問答が一時間以上続いた。そのうちに齋木氏が腕時計を見始めた。水掛け論に嫌気がさした私たちは、渋々ながら調査団の求めに応じることにした。

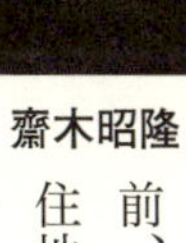

齋木昭隆

被害者の写真から始まり、性格、身体的特徴、出身校の名称、部活の種類、友人の名前、得意科目や苦手科目、家族の家系図、居住地周辺の地図などなど、相当な量の資料をその場で作った。

神経をすり減らした半日だったが、これで国家の不作為が証明されたとの思いを強くした。ただ、外務省とのやり取りの一部始終を録画あるいは録音しておかなかったことが心残りだった。

帝京大講師が科警研に囲い込まれた理由

ところで二〇〇四年の日朝協議後、日本代表団が持ち帰った「遺骨」は横田めぐみさんのものとされていた。日本側は、「めぐみさんが死亡しているというのならば、その証拠を出せ」と迫った果実がこれだと主張した。

「それでは遺骨を出しましょう。ただし、摂氏一二〇〇度の高温で焼いた遺骨なので、鑑定は不可能です」と北朝鮮側が条件付きで提供したのだが、日本側は、むしろそのほうがありがたいと、意図的な判断をして受け取ったのではないか、私はそう邪推している。

科学警察研究所（科警研）で調べたところ、やはり「鑑定不能」という結果……ところが帝京大学吉井富夫医学部講師の鑑定では、「めぐみさんのＤＮＡは検出されず、他の人のＤＮＡが混入している」との結果が出た。

すると細田博之官房長官は、鬼の首を取ったかのように「『遺骨』は偽物だった、北朝鮮けしからん」という主旨の記者会見をした。これでまた、日本国内の反北感情は沸騰することとなった。

後日、イギリスの科学雑誌「ネイチャー」が、この吉井鑑定に対し疑問を投げかけた。鑑定を行った人物のDNAが混入する可能性があることを指摘したのだ。すると吉井講師自身も、それに対して「まさか混入ということが考えられるとは、私も驚いた」という発言をしている。

また、同誌は「日本政府は科学的根拠よりも政治的な判断を優先するのか」とも指摘し、再鑑定を促した。しかし、知らないうちに吉井講師は帝京大を辞め、なんと科警研に囲い込まれてしまった……マスコミとの接触を断つための措置だったとしか思えない。

結局、再鑑定が行われることはなく、一連の鑑定に関する疑問について、それを報道するマスコミはほとんどなかった。だから、多くの国民には、帝京大の鑑定結果が刷り込まれているはずである。

拉致を防げず警察庁長官賞を受賞

もしあのとき、外務省をはじめとする国の機関がきちんと対応していたら、と思うことが少なくない。整理のため、もう一度記しておく。

弟が拉致された一九七八年の二年後、一九八〇年の一月七日付の「サンケイ新聞」が、朝刊の一面で「アベック3組ナゾの蒸発　外国情報機関が関与？」と報じた。

注目はされたが、しかし残念ながら後追いするマスコミはなく、同新聞も続報を一回出したのみ……やがて忘れ去られることになる。もしあのとき、新聞他社も含めてマスコミが徹底取材を行うとともに、外務省や警察庁が事実関係の確認をしていたら、と思わざるをえない。

時は前後するが、一九七七年九月一九日、東京・三鷹市役所警備員の久米裕氏が、石川県宇出津（うしつ）海岸から拉致された（宇出津事件）。このとき、石川県警は事前に押収した乱数表の解読に成功し、北朝鮮工作員の補助的役割を担った在日朝鮮人の李秋吉（リチュギル）という男の身柄を拘束した。

この一連の対応が評価され一九七九年、石川県警は警察庁長官賞を受賞している。しかし、なぜかこの事件が公表されることはなく、秘密事項として扱われた。だからマスコミが大きく取り上げることもなかった。

しかも石川県警は、日本海で発せられる不審な電波をたびたび傍受していたのだという。なぜ、もっと早く警戒に当たれなかったのか。

というのも、もしこの事件の情報を各県警が共有し、地域住民の危機意識を喚起するとともに、海上保安庁と協力のうえ、日本海沿岸・近海の警備を強化していたなら、同年の横田めぐみさん拉致事件や、翌年の弟たちの拉致事件は防止できた可能性が高い。なお、李秋吉は拉致の証拠が不十分であったという判断で、起訴猶予処分になっている。

一九七八年八月には、富山県高岡市の海岸で、若いカップルの拉致未遂事件が発生した。四人の北朝鮮工作員によって暴力的に拉致されそうになったところ、犬が吠えたため難を逃れたというものである。

富山県警は、現場にあった遺留品、手錠、猿ぐつわ、布袋などを押収した。それらは、北朝鮮の犯行を裏付ける貴重な証拠であったが、時効寸前の一九八五年、逮捕監禁被疑者不詳で不起訴処分が決定されたとき、廃棄されてしまった。

このカップルの事件は表に出ることはなかった。警察の事情聴取には応じたのであろうが、マスコミの取材に応じた形跡はない。もちろん氏名などは公表されていない。

もし、勇気を出して名乗りでて、多くのことを証言してくれたなら、北による拉致の生情報がたくさん得られたことだろう。そう考えると残念である。

また、警察庁長官賞を授与するなら、次回からは、拉致を防いだ人間に与えてほしいものだ。いかにも日本的な「お役所仕事」ではないか。

一九八八年三月二六日には、参議院予算委員会で、日本共産党の橋本敦（はしもとあつし）議員がアベック失踪事件などについて質問を行っている。これに対して梶山静六（かじやませいろく）国家公安委員長は、次のように回答した。

「昭和五十三年以来の一連のアベック行方不明事犯、恐らくは北朝鮮による拉致の疑いが十分濃厚でございます。解明が大変困難ではございますけれども、事態の重大性にかんがみ、今後とも真相究明のために全力を尽くしていかなければならないと考えておりますし、本人はもちろんでございますが、御家族の皆さん方に深い御同情を申し上げる次第であります」

これは、北朝鮮による日本人拉致事件の存在を日本政府が初めて認めた歴史的な公式答弁。しかしその後、日本政府が答弁の通り真相究明のため全力を尽くしたかといえば、何も行っていない。

もし、マスコミが大々的に報道し、政府が真剣に対応していたならば、拉致問題が一〇年早く動いたのは間違いない。

よど号ハイジャック犯からの情報

ところで、拉致被害者に政府が認定している一人に有本恵子さんがいる。ヨーロッパで旅行中に消息を絶ち、のちに石岡亨さんの書いた手紙により、北朝鮮で暮らしているということがわかり、大騒ぎになった。

それに関わっているのではないかと疑われているのが、日本で初めてのハイジャック事件を起こした元赤軍派のメンバーたちだ。警視庁は彼らに、ハイジャック時の国際指名手配のほか、有本さんに関わる「結婚目的誘拐罪」という聞きなれない罪名で逮捕状を出している。

よど号ハイジャック犯たちは、一部の日本人配偶者を除いて、未だに北朝鮮に留まっている。本人たちに帰国の意思はある。が、上記の有本恵子さんの拉致事件には関与していないと主張し、「結婚目的誘拐罪」を取り下げることを帰国の条件としている。

最近、有本さんの父・明弘(あきひろ)さんも、なかなか拉致事件の解決が進まない現状に業(ごう)を煮やして、よど号ハイジャック犯たちに直接会い、問い質したいという意向を持っていると聞いた。

私も、ぜひ話を聞いてみる価値があると思う人たちがいる。よど号ハイジャック犯の子どもたちである。

彼らは既に、全員が帰国している。彼らは北朝鮮では、普通の学校に通っていた。すると、学友に朝鮮労働党の幹部の息子や娘がいる可能性は高い。その子どもたちから何か聞いてはいないのだろうか。

私は彼らに会ったことがあるが、みな素直で、いい子どもたちだ。うちの弟たちの子どもと違い、日本語も完璧に近い。外務省や警察庁が事情聴取をする価値は十分にある、私はそう考える。

第五章　「救う会」を牛耳った鵺

救世主のように現れた人たち

「家族会」は一九九七年三月二五日に結成されたが、発起人となったのは、前述のように石高健次氏（朝日放送プロデューサー）、阿部雅美氏（サンケイ新聞）、兵本達吉氏（日本共産党参議院議員秘書）の三名であった。

結成の目的は、署名活動、各省庁への陳情・要請、集会の開催等により、世論を喚起し日本政府を動かそうというものである。

ところが「家族会」のメンバーは、高齢者が中心であるとともに、そのような活動に関しては未経験者ばかりだった。署名一つ募るにも、ペン、用紙、テーブル、パネル、テント、拡声器などを準備することすらままならない。

そこに、佐藤勝巳（さとうかつみ）氏を中心とする支援組織「救う会」が突然現れた。煩雑（はんざつ）な事務方を、ボランティアで面倒を見てくれるというのだ。まったく経験のない私たちにとっては、非常にありがたい存在に見えた。

「救う会」の協力のもと、我々は署名活動や集会を催した。次第に「救う会」の輪は全国に拡がり、やがて各地に「救う会」が設置されるに至った。一九九八年には各地の組織が一体となり、「救う会」全国協議会（「北朝鮮に拉致された日本人を救出するための全国協議会」）

として運動するようになった。

こうして拉致被害者救出活動は、順調な滑り出しを見せた。外務大臣への面会、警察庁への陳情、自民党本部への要請などを次々とこなし、署名もある程度は集まった。そして毎年、ゴールデンウィーク前後に、日比谷公会堂で「国民大集会」と銘打った大規模集会を開催するまでになる。

「家族会」のメンバーは、献身的な協力をしてくれる「救う会」に対し、少なからず恩義を感じるようになった。もちろん、いまもその気持ちが変わらないメンバーもいる。

「救う会」は拉致問題を解決したくない

だが、違和感もあった。外務大臣に面会するにしても、「家族会」と「救う会」が同等に扱われる。あくまで彼らは支援組織ではないのか、訴えるべきは家族なのに、と疑問を持った。

また、実に運動慣れしている「救う会」のメンバーだが、よく見れば、その幹部は右翼的な思想を持つ人ばかりだ。

ただ一般市民もおり、女子高生が黙々と手伝いをしてくれる姿を見たこともある。しかし、集会では日の丸が振られ、旧日本軍の軍服を着た輩（やから）が参加し、一瞬ここは靖国（やすくに）神社かと勘違いするほどであった。

極めつけは、右翼の街宣車のスピーカーから大音量で流れてくる演説……それが我々の主張とまったく同じであること。いや、我々が同じになったのかもしれない。

いま振り返ってみても、「救う会」の真の狙いはいったい何だったか、それがわからない。

もちろん、被害者救出の願いや家族への同情があることは否定しないが、根底には拉致問題を利用し国民の反北朝鮮感情を煽り、ひいては北朝鮮国家の転覆・崩壊を目指す深謀があったのではないか。そう考えざるをえない。

「家族会」と「救う会」は、代表の横田滋氏と会長の佐藤勝巳氏の連名で声明文を公表していたが、その内容は、どこかの圧力団体のファナティックなアジテーションと変わりなかった。とにかく強烈に北朝鮮を批判し、政府に強硬な態度で臨むよう要求することで一貫していた。

また「救う会」は、「家族会」メンバーらを対象に学習会を開催していたが、北朝鮮に関する情報に飢えている「家族会」にとってはぴったりの会であった。そこで佐藤氏は、まるで現地へ行ってきたかのような話をするのだから、なおさらだ。

話は、「北朝鮮は飢餓に喘いでいる」「もう少し圧力を加えればやがて崩壊する、それしか被害者救出の道はない」という内容が中心。また、「この冬、もう北朝鮮の政権はもたない」などと、毎年のように語っていた。

加えて、北朝鮮の崩壊から拉致被害者の救出に至る道筋については、自衛隊の派遣により達成されるとし、そのためには憲法九条の改正が必要とした。時には、北の脅威に対抗するため、核武装が必要であると力説することがあった。

当時の「家族会」のメンバーには、政治的信条は特になかった。キャンバスにたとえれば、真っ白だったといえる。それが、「救う会」のいわゆる「オルグ」の連続により、徐々に右翼的な色に染まっていった。

こうして「家族会」は、私も含めて「救う会」の呪縛にとらわれてしまう。後述のように、依然として「家族会」の大部分は、その呪縛からは解かれていない。

一方、「家族会」の発起人のうちの一人、石高健次氏は、この状況について、

「『家族会』は『救う会』の下部機関になってしまった。その証拠に、運動方針はすべて『救う会』が策定している。『家族会』はそれを追認しているだけ。『救う会』に乗っ取ら

佐藤勝巳

れた」

と、半ば諦め（あきら）めの境地を吐露していた。

「救う会」のメンバーには、いわゆる政治活動を生業にしている人がいる。そういう人にとっては、拉致問題が解決してもらっては困るのである。「救う会」にとっても、北朝鮮を打倒するまで、拉致問題は解決してほしくないのだろう。

さらに「家族会」の周辺には、政治家をはじめ、「家族会」を政治的に利用し、あるいは生活のために利用しようとする輩が蠢（うごめ）いていたのだ。

ブルーリボンバッジを外した理由

「ブルーリボンバッジ」を見たことがある人は多いと思う。安倍晋三首相が常にジャケットの襟（えり）につけている、あれだ。

由来は、拉致被害者救出を大きな市民運動に拡大していくため、何らかのシンボルマークが必要だと考えたことだ。

拉致被害者とは離れて暮らしているが、気持ちは青い空と青い海とで繋がっている……そのことを示す意味で、青いリボンにしたのだ。当初は布で手作りした青いリボンであったが、やがて硬いピンバッジに発展した。

みながブルーリボンを付けて、救出運動が多くの人に認知され、それが大きなうねりになればいいなと期待した。そしてもちろん、付けている人を歓迎した。

ただ、それはあくまで市民運動レベルのことであり、政治家が付けるとなると、趣旨が異なってくる。公人としての責任が自ずとそこには生まれてくる。

しかし実際は、「拉致問題で頑張っています」とアピールするためにバッジを付けている議員たちが少なくない。「これで票が増える」とでも考えているのか……。

「あなたが拉致問題を重要視するならブルーリボンバッジを付けなさい」と、「家族会」と「救う会」が強要する現実があることは否定できない。迫られた国会議員や外務省職員、特に来日したアメリカや国連の拉致問題に関係する要人にとっては、迷惑な話かもしれない。まさしく踏み絵であるからだ。

実際、何もしていないどころか、問題の詳細もよく知らないくせにブルーリボンバッジを付けるのは、国内向け選挙民向けのパフォーマンスでしかない。ブルーリボンバッジを付けることで安心し、それさえ付けていれば何かしている気になっているのではないか。まるで免罪符、これでは本末転倒である。

純粋な気持ちで始まったはずのブルーリボンバッジが、いまや政治家の政治利用の道具に成り下がってしまったのは嘆かわしい限りだ。だから私は、小泉首相の再訪朝後、それを付けるのを止めた。

北朝鮮侵入・拉致被害者救出の作戦

安明進(アンミョンジン)氏をご存知の人も多いだろう。氏は元北朝鮮の工作員、脱北し韓国に亡命した人物だ。また、『北朝鮮拉致工作員』（徳間書店）の著者であり、金正日政治軍事大学で横田めぐみさんら日本人を目撃したと証言、日本に拉致問題の火を点(つ)けた一人でもある。そして二〇〇二年以降、数年間日本で生活し、北朝鮮批判を繰り広げた。

二〇〇〇年ころに来日したので、私は彼をホテルに訪ねた。会うのはこのときが初めてだった。印象は、泰然自若(たいぜんじじゃく)としているというもの。特に悪びれることもなく、私の質問には淡々と答えた。

そして弟の写真を見せて、「この男を知っているか」と尋ねると、「北朝鮮で見たような気がする」と語った。

後に弟は、「安明進なんか知らないし、会ったこともない」「そもそも縦割りで個別に管理されるはずの拉致被害者が、一ヵ所に集められることなどない、それも金正日政治軍事大学では、なおさらのことだ」と、彼の証言を全面的に否定している。

日本で拉致問題が沸騰した当時、彼はマスコミに引っ張りだこで、工作員としての優れた視力や身体能力などをテレビで披露し、「横田めぐみさんらを見た」「北朝鮮はひどい国だ」と吹聴していた。「救う会」と行動をともにし、全国的に講演活動も行った。そして次第に、その言葉はエスカレートし、「本当か」と疑問符が付くような発言をするようになったのだ。

二〇〇三年のことだ。東京・永田町のキャピトル東急ホテルの会議室に安明進氏、「家族会」「救う会」「拉致議連」の各幹部が集合した。なぜかアメリカ国家安全保障会議（NSC）日本・朝鮮担当部長のマイケル・グリーン氏も同席していた。

そこで、安明進氏による北朝鮮侵入・拉致被害者救出の作戦会議が開かれた。安明進氏が秘かに北朝鮮に入り拉致被害者を救出する、あるいは最低でも写真撮影などにより存在の証拠を持ち帰るという大作戦だった。

そのため五〇〇〇万円のお金が必要だという。議論した結果「家族会」が二〇〇〇万円、「拉致議連」が二〇〇〇万円、「救う会」が一〇〇〇万円負担することとなった。

安明進

五〇〇〇万円の軍資金で北朝鮮上陸を

五〇〇〇万円を受け取った安明進氏は、ほどなくして作戦を実行に移した。ボートで北朝鮮に接近し、海岸から侵入するという大胆な試みだったが、途中で北朝鮮当局に発見され、あえなく引き返した。これは当時のマスコミにも報道されたから、何らかの行動をとったことは間違いないようだ。

しかし作戦は大失敗に終わった。そもそも脱出した北朝鮮に再度入国するというのは無茶な行動であり、無理なことだった。また、国際的で壮大な計画のわりに費用が安すぎるので、私は半信半疑だった。

そうして時間の経過とともに、安明進氏のマスコミへの露出は少なくなり、ついに韓国に戻ってしまった彼は、覚醒剤の使用という過ちを犯した。怠惰な生活が続いていたのが原因らしい。

二〇〇九年、そんな彼に会うために私は韓国・ソウルへ足を運んだ。とあるホテルの会議室で氏に面会し、問い質した。「日本であなたのいっていたことは、すべて真実ですか」と。

するとこ彼はこのように答えたのだった。

「反北感情を煽るのが私の使命だと思っていました。最初のころは事実をしゃべっていましたが、だんだんとネタがなくなり、大げさな作り話をしました。ただ、めぐみさんたちを救出することに懸命だったことは理解してほしい」

安明進氏は、誇張した話を繰り返していたということは白状したが、「本当に弟を見たのですか」という問いに対しては、「確かに見た。あんなに背の高い男性は北朝鮮でもそうはいない」と、頑なに態度を変えようとはしなかった。

安明進氏が、拉致問題への関心の喚起に少なからず貢献したことは認めるが、エキセントリックな北朝鮮批判をするため、「救う会」に巧妙に利用されてしまったことは否定できない。そう考えると、彼も日本の世論を間違った方向に導く片棒を担がされた、憐れな犠牲者の一人かもしれない。

朝鮮学校への授業料無償化に対して

さて、民主党政権の目玉政策だった「高校授業料無償化」は、国公立・私立高校の他「専修学校及び各種学校のうち『高等学校の課程に類する課程』に学ぶ生徒」も対象としている。

政府はこの「各種学校」に当たる外国人学校についても、「授業内容と本国の教育課程が日本の学習指導要領におおむね合致している」ことを条件に、インターナショナル・スクール、中華学校なども対象に指定した。

しかし、国交がなく教育内容を確認できないこと、中井洽（なかいひろし）拉致問題担当大臣が川端達夫（かわばたたつお）文部科学大臣に要請したことなどにより、朝鮮学校だけは無償化の対象から除外することが要検討事項となった。

その後、二年以上、二転三転したあと、第二次安倍政権において、朝鮮学校を除外することが決定された。一部を除き多くの地方自治体が、朝鮮学校への補助金を交付している実態があるにもかかわらず、だ。

「救う会」はこの除外を支持し、補助金停止も訴えているが、そもそも政策の主旨から、また人権尊重という面からも、この除外は異常な対応だと考える。ましてや拉致問題の見地からいえば、朝鮮学校の生徒たちに責任などなく、何の関係もない。

単なる「八つ当たり」ではないのか。根っこは「ヘイトスピーチ」と同じといわざるをえない。

また、経済制裁をしているという理由から、北朝鮮のサッカーチームの入国拒否、卓球選手のお土産品の没収など、文化・スポーツ交流への政治介入を行ってきた。さらに、北朝鮮からマツタケを不正に輸入したとして、京都府警など四府県警の合同捜査本部は、外為法違（がいためほう）反容疑で、在日本朝鮮人総連合会（朝鮮総連）議長の次男を逮捕した。

こうした動きは日朝関係を悪化させるだけである。拉致問題の進展という観点からは、解決を遅らせることはあっても、早めることはない。

「救う会」の内部抗争の果てに

最後に、「救う会」自身の内部抗争について触れておこう。

会には右翼関係の人たちが多かったことは既に述べた。そのためか、地方組織の代表が、公序良俗に反する行為があったことなどを理由に、「救う会」から除名される事例が続いた。

どんな公序良俗違反があったかといえば、暴力団などの反社会的勢力との交際、カンパ金の会計処理を巡る金銭問題などである。

一九九八年以来「救う会」は、佐藤勝巳氏が会長として実権を握っていた。そのようななか、二〇〇二年、幹部の一人（事務局長）である荒木和博氏が、政府認定の拉致被害者以外にも北朝鮮による拉致を否定できない人たちがいるとして、そのリストを独断で日本政府に提示した。

すると、それを理由に佐藤氏は、荒木氏を「救う会」から排除した。それを受けて荒木氏は、「特定失踪者問題調査会」を立ち上げ、現在に至っている。

そんな佐藤氏だったが、今度は自分が渦中（かちゅう）の人となる。北海道のある篤志家（とくしか）から寄付さ

西岡力

れた一〇〇〇〇万円を着服したという疑惑が持ち上がったのだ。本人は否定したものの、二〇〇四年、「救う会」の理事だった兵本達吉氏が佐藤氏を警視庁に告発する事態にまで発展してしまう。結果は、不受理だったが。

しかし佐藤氏は、西岡力氏との権力争いに敗れ、二〇〇八年、「救う会」の名誉会長へ祭り上げられそうになり、会長を辞任。西岡力氏が会長代行に就任した。

その後、佐藤氏は、逝去する二〇一三年一二月まで、個人としてネット上で発信を続け、「家族会」「救う会」批判を繰り返した。

地方組織の内紛の話では、新潟の例が最も顕著なものだ。二〇〇四年、突然、小島晴則「救う会新潟」会長の解任決議がなされた。小島氏はこの決議を無視して活動を継続したため、「救う会新潟」は二つ存在することとなった。

新会長の馬場吉衛氏はこれを不服として、小島氏を相手どり、名称の使用差し止めを求める訴訟を新潟地裁へ提訴した。裁判で「どちらの会が本物か」を争うのだから、呆れてしまった。

私の父は、小島氏に法廷での支持証言を何度となく要請され、困惑したという。みなさんにとってはどうでもいい話だが、判決は馬場氏側の原告適格を認めず、訴えを却下した。

一部の「拉致議連」メンバーとも袂を分かって

内紛ばかりでなく、「救う会」は思想・信条の相違から、「拉致議連」の有力メンバーとも袂（たもと）を分かった。事務局長だった平沢勝栄衆議院議員のことだ。氏が山崎拓氏とともに、二元外交をしたというのがその理由だった。韓国の拉致被害者支援組織とトラブルを起こしたこともある。

さらに「救う会」は、二〇一五年一〇月二日、「救う会徳島」「救う会神奈川」に対し退会勧告を出した。以下「アジアプレス・ネットワーク」の記事を引用する。

〈陶久敏郎（すえひさとしろう）（徳島）、川添友幸（かわぞえともゆき）（神奈川）の両代表が、別組織の「特定失踪者　北朝鮮人権ネットワーク」（北朝鮮人権ネット）を設立し、「救う会」の運動方針に反する活動をしたというのがその理由だ。

「救う会」は9月13日に行われた国民大集会で、北朝鮮による日本人再調査報告について、「全被害者の一括帰国を約束しない『報告』『死亡の証拠』などを受け取ってはならない」という決議を採択した。

しかし陶久、川添両氏の参加する「北朝鮮人権ネット」は、拉致被害者のみを優先せず、特定失踪者、日本人妻、残留日本人、敗戦時の混乱期に北朝鮮地域で死亡した人の遺骨探しについても公平に扱うべきだとして、9月24日に安倍首相に提言書を出していた。

また「救う会」内部では、ストックホルム合意を破棄して、協議路線から制裁路線に戻るべしという意見が強まっていたが、「北朝鮮人権ネット」はあくまで協議で解決を図るべきだとし、意見の相違が広がっていた。

「救う会」は、13日までに退会勧告を受諾した旨の連絡がない場合は、新たな措置を取るとしている。

川添友幸さんの話

「日本人再調査は、拉致被害者もその他の案件も平等に行われるべきだ。退会勧告は一方的で悲しい。『救う会』と対立するつもりはないので話し合いを求めたい」〉

これを見て、私の「家族会」除名騒動のことを思い出した。結局、一〇月二一日、「救う会」は二人の退会措置を決定。事実上の除名だった。

やはり「救う会」は、いまなお異論を許さず、閉鎖的で、かつ硬直化した組織であることに何の変化もない。未来は明るくないと痛感した次第である。

第六章　政治家を怖れるマスコミの罠

「字が間違ってます」だけで返答はなし

一九九八年七月三日、私と母はNHK放送センターを目指し、東京・渋谷公園通りのダラダラ坂を上っていた。蒸し暑い日で、二人とも汗だくだった。母のバッグのなかには、日本放送協会会長・海老沢勝二(えびさわかつじ)氏あての手紙が入っていた。

その表題は「拉致事件についてのご協力のお願い」。地元新潟で集会を開催しても、街頭活動を行っても、NHKは取材には来るものの、まったく放送してくれない。支局員の「どんな小さな情報でもください。最大限の努力をします」という言葉とは裏腹に、何の放送もない。そんな状況に業を煮やした母のたっての願いで、直談判(じかだんぱん)しようということになったのである。

ようやく、NHK放送センターに辿(たど)り着き、喫茶室で担当者が来るのを待った。海老沢会長あての手紙は、事前の指示で、NHK視聴者センター土屋部長を経由する様式になっていた。

やってきた中年の担当者は、「ご用件は?」とそっけなく聞いてきた。

「実はお願いがありまして、新潟からやってまいりました。この手紙を海老沢会長にお渡しいただければ……」

と母が話したところ、担当者は、封書を手に取るや、

「ツチヤの『ヤ』の字が間違っています。正しくは『谷』です」

と面倒臭そうに答えた。

「それは失礼しました。こちらの不行き届きです……でも何とかこれを海老沢会長にお渡しください」

そういうのがやっとだった。まさに出鼻をくじかれた。不機嫌そうに手紙を持ち帰った担当者だったが、その後、私たちには何の連絡もなかった。手紙が会長に渡ったのかどうかさえ、いまでも明らかではない。

実家で一日撮影しても放送せず

ＮＨＫに関していえば、こんなこともあった。

弟が一時帰国し、二四年ぶりに家族が食卓を囲んだのが、実家のリビング。そのテーブルをモチーフにドキュメンタリーを作りたいというオファーがあったのだ。当時は、先駆的であったハイビジョンで全編を構成するという。名うてのカメラマンが撮影するとのことだった。

その日の朝八時から、大勢のカメラマンや音声クルーなどが実家のリビングを占拠した。

床には、カメラの移動用のレールが張り巡らされ、カメラマンは照明クルーに対し、ああでもない、こうでもないと注文を出しながら、テーブルを撮影していた。

両親はというと、その間、弟の拉致現場である柏崎海岸に連れていかれ、インタビューを受けた。

私はそのロケ現場を見ながら不思議だった。弟へのインタビューもないし、私の話も聞こうとしない。それでいて、リビングのテーブル（といっても和テーブル）だけを、右から左から、上から横から、ハイビジョンなるもので克明（こくめい）に撮影している。「いったいどんな番組を目指しているんだろう」と疑問を抱いたのだ。

なかなか撮影は終わらなかった。

「拉致されたのは夕方でしたよね」

「そうです」

このやり取りのあと、夕方再び海岸に戻って両親の撮影をやることになった。段取りの悪さには呆れ返った。

すると、夕方に再開されたインタビューは、また一から同じ内容の繰り返し……ＮＨＫのスタッフだけが、相変わらず熱心に撮影を継続した。

撮影は、私にはその意図もわからないまま、夜の一〇時過ぎまで続き、ようやく終了、クルーは満足そうに実家を後にした。私たちは、いったいどんな放送になるのか、期待半ば、いや半ば恐れて、その日を待った。

しかし、その日はいっこうにやってこなかった。そして結局、一秒たりとも放送されることはなかった……。

あの費やされた時間とビデオテープは何だったのか。家族の時間は我慢するとしても、ビデオテープは国民の受信料から買ったものだろう。こんな無駄は、民間企業では考えられない。大きな疑問と徒労感だけが残った。

海老沢勝二

あまり触れたくないことだが、あれだけ実家を占領し、両親を拘束し、そのギャラはどうなっているのか？　聞いてみたら、「ありません」の一言。菓子折り一つで済まされてしまったわけだ。

ＮＨＫが取材にかける人・物・金は、民放とは比較にならないほどすごいものである。たとえば震災があれば、民放はとりあえず普段着で公共の交通機関で現場に駆け付けるのだが、ＮＨＫの場合、重装備をした複数の取材チームが4WDの車両で乗り込んでくるのだという。「NHKには敵いませんよ」という、民放関係者の嘆きを何回聞いたことか。

「NHKニュース10」と自民党の関係

「NHKニュース10」は、二〇〇〇年三月二七日から二〇〇六年三月三一日にかけて、NHK総合テレビで生放送されていた報道番組である。キャスターは今井環氏。報道畑からの異例の抜擢で、当時は話題を呼んだ。久米宏氏がキャスターを務めるテレビ朝日の「ニュースステーション」に対抗する目的で、夜の一〇時という同じ時間帯に放送する形をとったものだ。

これは二〇〇五年に「週刊現代」が報じたことだが、当たっていると思うので紹介しておく。当時、自民党は、政府批判色の強い、そして視聴率の高いニュースステーションに対抗する報道番組が喉から手が出るほど欲しかった。

しかし、NHK会長の川口幹夫氏は「迎合しない」と、そのような番組作りを拒否していた――。

ところが一九九七年、会長が海老沢勝二氏に交代したのを機に、二〇〇〇年三月から「NHKニュース10」が開始されたのだ。

実は二〇〇二年九月から二〇〇三年にかけて、私はこの番組に頻繁に出演した。生出演の際の緊張度は、ＶＴＲ収録のそれとは比較にならないほど大きい。しかし、ＶＴＲは局側が恣意的に編集してしまう危険性があるので、いいたいことをいえる生出演は歓迎したものだ。

ただ、ＮＨＫからの出演依頼が、いつも突然来るのには辟易（へきえき）した。酷いときには、夕方に依頼が来て、その日の放送に出演してくれという。

そして、番組開始一時間以上前に局入りし、控え室へ案内される。番組ディレクターが台本を持って現れ、打ち合わせをするのだが、なんとその台本には、質問事項のあとに「模範回答」が書き込んである。

民放ではこんなことはない。台本には「お考えをお答えください」とあるだけだ。

「この通り話さなければいけないのですか」と尋ねると、「まあ大筋その辺で」との回答である。驚くとともに腹が立った。これは「言論統制ではないのか」と。最近のＮＨＫは、その傾向がより顕著であるのは、みなが

川口幹夫

知る通りである。

本番三〇分ほど前にスタジオに入る。片隅の化粧台でメーク。顔にドーランをたっぷりと塗られ、頭髪を整える。「眉毛が薄いですね、塗っておきますか」と聞かれ、「余計なお世話だ」と思いながらも、いわれるがままにした。

いよいよ本番。テーブルにつくと、フロアディレクターが駆け寄ってきて、「おへそをその位置に合わせて座ってください」と指示する。テーブル上を見ると、赤い点のシールが貼ってあった。

「そこまでやるのか」と考えていると、その思いが顔に出たのか、「姿勢がよくなるんですよ」と説明された。

NHK会長の意向を忖度するキャスター

番組が始まる。緊張も極度に達していた。私は「台本など無視して、本音をぶちまけてやる」と気合を入れ直した。しかし、淡々とした今井キャスターの語り口に出鼻をくじかれる。しかも、本質を突くような質問はしてこない。

「よし、台本にはないが、政府や外務省を徹底的に批判しよう」と決意し、顔を上げると、フロアディレクターが「カンペ」を示している。そこには「そろそろまとめてください」との文字があった。

「えっ、まだ数分しか経っていないじゃないか、まとめることなどできない」――でもカンペはますます近くに寄ってくる。結局、ありきたりの質問にありきたりの回答をして終わってしまった。

今井キャスターとのやり取りをいま回想してみると、報道部門出身であったにもかかわらず、「外務省の真意は何ですか」とか、「日本政府の拉致問題に対する真剣度は」といった核心を突くような鋭い指摘はなかった。海老沢会長の意向を忖度（そんたく）して、人畜無害の番組進行を志向していたのだと推測する。いやはや、ご苦労様である。

放送後、ＮＨＫ関係者は「おつかれさまです、良かったですよ、蓮池さん」というが、ぜんぜん時間が足りない。「もっと枠を取ってもらわなければ、生放送の長所を活かせないし、いいたいことがいえない」と思ったものだが、何度出演しても、その繰り返しだった。

何回かテレビには出たが、生放送でも録画でも、満足したことは一度もない。「消化不良」で終わるのが常だった。

ちなみに、ＮＨＫは生放送のときにのみ出演ギャラが出た。ＶＴＲ収録は無報酬だ。一度だけだが、ギャラが支払われなかったこともある。しかし数年後、こちらの指摘により、あわてて振り込まれてきた。

もちろん、N（日本）H（薄謝）K（協会）のことなので、そんなに多い額ではなかったが、NHKという組織の意外なルーズさに驚いたものだ。

こんな意外な事実も披瀝（ひれき）したい。

二〇〇二年九月一七日以降、各マスコミは手のひらを返したように、取材攻勢をかけてきた。被取材者の立場として、どのマスコミが一番影響力を持っているのか、それを考えた。NHKの夜の七時のニュースが最適ではと、優遇したのは否定しない。

横田夫妻の取材を独占していたのはNHKだった。NHKは、取材価値があるときには、徹底的に独占的に被取材者を利用する。しかし、その価値がなくなれば、あとは知らん振りである。あたかも「報道してやっているのだから感謝しろ」といわんばかりの態度が、露骨に見える。

放送のあと何年か経過し、「最近どうですか？」と連絡をくれるのは、民放だけ。NHKからは絶対といっていいほどない。NHKは実に不義理なのである。

たとえばロケがある場合、記者、カメラマン、音声クルーがやってくるのだが、NHKの場合、それらスタッフが現場で、「初めまして」と、おたがいに挨拶している。民放ではまずありえない。

「クローズアップ現代」での政府批判の結末

二〇〇二年以前、マスコミの拉致問題への対応は総じて鈍かった。世間の関心が低いなか、まだ拉致は認知される状況ではなく、マスコミが報道に及び腰だったのは、仕方のないことかもしれない。

また、こんなこともあった。NHKの「クローズアップ現代」で拉致問題を取り上げたいのでインタビューに応じてほしいというのだ。

受諾し、局の一室でVTR収録が行われた。テレビカメラの前で話すことなど初めての経験だったので緊張したが、何とか三時間に及ぶ取材をこなした。政府批判を中心に話したと記憶している。

終了後、担当記者に「何分くらい放送されるのか」と問うと、「三分程度です」と返答があった。えっ、と驚いた。「あんなに長く撮影したのに、その程度ですか」と不満そうにいうと、「三分なら長いほうですよ」とたしなめられた。業界では、当たり前ですといわんばかりだった。

しかし数日後、「二分になりました」との連絡……それが放送前日には「一分」になり、とうとう当日には「カットになりました」と記者。

「カットということは、何も使わないということですか？　長時間のインタビューは、いったい何だったんですか！」と抗議すると、「申し訳ありません」の一言。むしょうに腹が立ったが、私の発言があまりにも政治的であったため、放送に難色を示したのか……マスコミの本性を思い知らされた出来事だった。

マスコミは「いつ北に戻るか」だけを

集会があるときには、多くのテレビクルーと新聞記者が集まった。確かにカメラは回っており、記者はメモを取っていた。ところが、テレビも新聞も一切報道しなかった。

しかし、二〇〇二年の小泉訪朝で状況は一変した。それまで拉致問題を無視してきた贖罪意識からか、マスコミは何でもかんでも報道するようになったのだ。

すると「家族会」は、一夜にして悲劇の主人公に祭り上げられてしまった。マスコミは「五人生存、八人死亡」という北朝鮮の発表を、何のウラもとらずにそのまま報道するという大失態も演じた。そして、弟たちの「一時帰国」が明らかになると、報道はますます過熱していった。

そんななか、メディアスクラムを懸念した私たちは、新聞協会、民放連、雑誌協会の三者に対し、「節度ある取材のお願い」という要請文書を出した。おかげで大きな混乱は発生しなかったが、いまもなお取り下げていない。

そのためか、いまでも弟たちは取材拒否状態にあると勘違いしているマスコミが多い。非常に残念なことだ。決して、取材拒否を伝えたものではなかったのだから。

弟たちに関する報道には、とんでもないものもあった。まるで宇宙人が地球上に現れたかのごとく大騒ぎをする。朝起きて散歩をしたあと、どこへ行って、何を食べて、何を買ったなど……なかには「薫さんのファッションチェック　日本風に変身」という特集をする雑誌まであった。

そんなことはどうでもいいことだ。もっと本質的なこと、つまり「一時帰国」の不条理さを伝えてほしかったし、北朝鮮への帰還を止めてほしかった。

しかし、そのような報道を行ったマスコミは一社もなかった。彼らの関心は、もっぱら「いつ北朝鮮に戻るか」だったのである。

「家族会」に夢を追わせた罪

それでも、二〇〇二年当時のマスコミには、まだ矜持（きょうじ）があったように思える。毎日新聞の記者は、私にこう質問したものだ。

「蓮池さん、拉致問題には多様性がありますよね」

私は答えた。

「被害者を救出するという意味では、それはないでしょう」

するとその記者はこういった。

「蓮池さんは、まるで北朝鮮の人みたいですね」

要するに、報道には多様性が必要であると、記者は主張していたのだ。いま考えれば、その通りである。

しかし、時間の経過とともに拉致問題の報道は少なくなっていく……日朝交渉が膠着状態に陥ってからは、なおさらだ。ネタ切れ状態になり、報道したくてもできない。

そんななか、ひとりNHKだけは、今日は横田夫妻がどこそこで講演して何人の聴衆が集まった、あるいは全都道府県での講演を制覇した、などと報道していた。「何も（N）放送（H）しない局（K）」が、「何でも（N）放送（H）する局（K）」に変貌したと揶揄（やゆ）したものである。

同時に、「家族会」が圧力団体と化して力を持ってくると、マスコミは逆らうことができなくなってしまった。アンタッチャブルな部分が多い、まさに「聖域」である。日本政府への態度にも同様なことがいえた。

すると、ステレオタイプの報道ばかりになる。報道の形骸化といってもいいだろう。いわゆる御用マスコミに成り下がってしまったのだ。

「事態が動かないのだから仕方ない、『日付モノ』報道が精一杯だ」との声が聞こえてきそうだが、それならば「なぜ動かないのか」「十数年にもわたり拉致を放置し続けている日本政府に責任はないのか」などを検証したらいいではないか。

経済制裁についても、マスコミは、同様に思考停止していた。いかに厳しいものにするか、あるいはどのように北朝鮮を苦しめるか、制裁の強度と北朝鮮への影響を尺度にした報道を繰り返したのだ。

本来、経済制裁が効くという状態は、拉致被害者の帰国などが前提となるはずであるが、マスコミは北朝鮮の困窮をもって成功していると報道した。完全に手段が目的化していたのだ。

「家族会」を聖域化し、日本政府の意向を忖度した結果、北朝鮮に対する強硬姿勢が問題の解決を早めるとミスリードしてきたマスコミ……今後もその報道姿勢を続けるとしたら、「家族会」に見果てぬ夢を追わせるという意味で罪深いといえる。

「多様性が重要」と強調していた、あの矜持はどこへ行ってしまったのか。私にも忸怩たる思いがあるが、非常に残念である。

視聴率至上主義が作る不幸な人々

また、テレビの北朝鮮に関する報道について、奇異に感じることが多々ある。報道するときに、必ず「独占！」、あるいは「潜入スクープ」などの枕詞（まくらことば）が付くことだ。かつ、「あの北朝鮮が」と態度は常に「上から目線」だ。

確かに北朝鮮は、我々にとっては未知な部分も多く、不思議かつ不気味な国であることは否定しない。朝鮮中央テレビアナウンサーのエキセントリックな語り口を見聞きすれば、誰しも変な国だと思うだろう。

正しい北朝鮮の情報は、日本では圧倒的に不足しており、マスコミが競ってそれを追い求めるのは無理もない。「北朝鮮ネタは数字（視聴率）が取れるんですよ」と、何度、テレビ局関係者から聞いたことか。

だからといって、

「あの北朝鮮で携帯電話が普及している、女子学生のあいだではメールも」
「あの北朝鮮でＤＰＥの店が潰れ、デジカメが急速に普及している」
「あの北朝鮮でタクシーが走るようになった、それも街中を流している」
「あの北朝鮮で意外にもスーパーマーケットには豊富な食材が並んでいる」

などというのはいかがなものか。

その一方で、「平壌はショーウィンドウ都市、一歩路地に入れば、孤児が物乞いをしている」というような批判もする。

現在の北朝鮮の体制を擁護する気持ちは毛頭ないが、一般市民には文化的で幸せな営みを追求する権利がある。そのことを忘れてはならない。

望むべくは、北朝鮮が改革開放政策へと転換し、自ら情報を発信することである。それが叶わない現状では、面白おかしく北朝鮮の現状を伝えるのではなく、「真の報道」をすべきなのだ。私には北朝鮮を揶揄しているとしか見えないのである。

また、「ストックホルム合意」でも取り上げられている、太平洋戦争の終戦前後に北朝鮮で亡くなった日本人の遺骨問題に関して、こんなことがあった。

日本の遺族は、不定期に訪朝し墓参を行っているのだが、その際、何社かのマスコミの同行取材が北朝鮮側から許可された。ところが、訪朝したテレビクルーは、本題の墓参の状況以外に、さまざまな情景を撮影した。

そして、「未開の北朝鮮へ潜入！」と銘打ち、北朝鮮の地方都市の劣悪な道路状況や市民の貧しい生活実態などを放送したのだ。

テレビ局にとっては特ダネかもしれないが、約七〇年ぶりに思い出の地を訪れ、故人を偲んだ遺族の気持ちを蔑ろにしているといわざるを得ない。「便乗取材」そのもので、北朝鮮側の怒りを買うのも当然だ。これでは北朝鮮側の態度を硬化させ、拉致問題の解決を遠のかせるばかりではないか。

すべてのマスコミ人にお願いしたい。視聴率至上主義の放送のあとに生まれる、不幸な結果に対して、ぜひ想像をたくましくしてほしい。そう切に願う。

第七章　カンパを生活費にする男

「家族会」も応援しない立候補

増元照明氏が、築地（つきじ）のマグロ卸会社に勤務していたことはよく知られている。お姉さんのるみ子さんの救出運動が忙しくなり仕事に支障が出始めたころ、会社から「仕事を取るか、お姉さんを取るか」と問われ、退職した。他人事（ひとごと）とは思えず、大いに同情すべき事態であった。一方で、彼は一貫して、北朝鮮に対し強硬な態度を取り続けている。

その増元氏が、二〇〇四年、参議院選挙に立候補するといい出した。正直驚いた。国会議員にお願いする立場にある被害者家族が出馬するのはいかがなものか、という疑問も湧いた。しかし本人の意志は固く、「家族会」としても応援することとなった。

そのとき、「あなたのところは弟が帰ってきた。事務局長としての発言に説得力がなくなったので、その役割を私に譲ってほしい」といわれた。選挙に出るに当たって少しでも箔（はく）をつけたかったのかとの思いもよぎり、複雑だった。

参議院選挙では、無所属で東京選挙区に立候補した。当初、自民党の公認を得て比例区で出馬の予定だったのだが、見送られたのだそうだ。結果は、三八万票余りを獲得したものの、七位での落選だった（当選は四人）。

そして、落選後の増元氏の一連の行動には、首を傾げざるをえない。というのも、失職中を理由に事務局専従となり、手当てをもらうというのだ。これについては、家族会の全体会議で役員（代表、事務局長、事務局次長）から提案され、私やその他の一部から疑義が出たことから、決定には至らず、役員一任となった。

家族を救出するために専従になるというのなら、まだわかる。が、それに対する報酬を得るというのは、理解ができない。救出運動を生業にすることは、拉致被害者が帰って来てもらっては困る、といわんばかりではないか。

その後、役員は増元氏への報酬支払いを決定した。そのことは、文書などで通知されることもなかったが、やがてみなが知ることとなった。その措置は、あくまで、一時的な配慮だとのことだったが、なし崩しで長期化した。

それればかりではない。増元氏の結婚や子どもの誕生があるたびに扶養手当を増額するという措置が取られたそうだ。

カンパ金から給料をもらうのは事務局長の増元氏がお手盛りで決めているのか、また、善意の浄財をそのように使うことに違法性があるのかどうか、私には判断がつかない。し

増元照明

かし、尋常でないのは明らかだ。

私は一九九七年から事務局長を務めたが、当然ながら一切報酬などもらっていない。また、増元氏は自分の一存で飯田橋の一等地に二〇坪、家賃二〇万円の事務所を借りて「家族会事務所」を構え、あとで承認を得るということをしている。これらのことについては、マスコミには周知の事実ではあるのだが、一部週刊誌で関係者の発言として報じられたものの、新聞やテレビなどは追いかけることなく、公になることはなかった。

なぜなのだろう。拉致被害者の関係者は、一種のアンタッチャブルな存在になっているのか？

その増元氏は、二〇一四年、今度は衆議院選挙に立候補した。それも次世代の党公認で、宮城二区からの立候補……びっくりした。

すると「家族会」は、特定の政党には肩入れしないという対応を取った。賢明な判断だったと思う。

この立候補に当たり、増元氏は事務局長を辞任したが、立候補は果たして「家族会」にとって有効な行動だったかといえば、そうではない。

私のフェイスブック仲間の宮城県在住の方からは、「宮城県を馬鹿にしているのか」などというコメントをもらった。「関係者の一人としてお詫びします」と返信……なぜ私が、と思いながら。

また、「就活」立候補と揶揄する人もいた。結局、増元氏は法定得票数にも達せず落選したが、「いったい何のための立候補だったのか」と、脱力感と絶望感ばかりが残ったものだ。

カンパが被害者に渡らないカラクリ

お金の問題を書くのは潔しとしないのだが、事が事だけに敢えて触れたいと思う。

「家族会」結成時、通信連絡費用として各家族が一万円ずつを拠出し、横田滋代表が預かった。一〇万円にも満たなかったはずである。それが、家族会基金のスタートだった。

当初、カンパ金や義捐金の類いは、ほとんど集まらなかった。当然のことと気にも留めなかった。

ところが、二〇〇二年以降、特に弟たちが帰国してからというもの、猛烈な勢いでカンパが集まり出した。横田代表が管理していたため、正確にはわからないが、一億円を超えていたのは間違いない。

しかし、その大金は、拉致された被害者本人のところに、ほとんど渡らない。すべては「家族会」の「活動費」に当てるというのだ。

カンパしてくださった人には、被害者自身のために、という思いがあっただろう。しかし、被害者に届かないのだから、お礼のしようがない。すると、「何だ、あいつらは」といわれかねないだろう。帰国を果たせば、もうその人間は、拉致被害者として特別扱いされない、ということか。

弟の妻の祐木子が体調を崩し入院したことがあった。高額な医療費がかかったため「家族会」に援助をお願いしたのだが、「国に頼んでください」と、つれない応答だった。

「横田ファンド」とは何か

また、「家族会」は収支決算報告をしたことがない。任意団体であるから、その義務はないといわれればそれまでだが、やはり半端（はんぱ）ではない額の浄財を受け取っているのだから、透明性を確保すべきだ。世間の信頼も得られない。不明朗な支出があるのではないか、と憶測されるのは、百害あって一利なしだ。

ただ、支出といっても、交通費、通信連絡費、会場使用費、消耗品費……せいぜいそんなものだ。とても億の単位には届かないのである。

そのことは何回も横田代表に指摘したのだが、「お金の出入りは『家族会』の預金通帳（横田代表が管理している）を見れば一目瞭然」との説明が返って来るばかり……横田代表は日本銀行出身だから、お金のことはきっちりやるはずと、みなが考えていた。

しかし、そうではなかった。しかもその後、渡米や渡欧などのために高額な支出が行われてきたのだから、なおさら収支決算報告は必要だった。

埒が明かないので、「一家族当たり一〇〇万円を分配してはどうか」「一〇家族でも一〇〇〇万円、残りはまだ十分にある」と会議で提案した。

その理由はこうだ。みな、高齢であり、長期の活動で疲れているはず。だから、電車移動をタクシー利用に変える。また、たまにはおいしいものを食べて英気を養う。こうしたことを理由に挙げた。

すると、会議前の雑談では、ほとんどのメンバーが「それはありがたい」と、賛同の意思を示した。だが、なぜか会議では反対……私の提案は流れてしまった。石高さんが反対だったから、ひきずられたのかもしれない。石高さんのこの意見は、私には意外だった。

そんな大金を抱えていて、いったい何をするつもりなのか？　いつの間にか、私はそれを「横田ファンド」と呼ぶようになっていた。

こんなこともあった。沖縄の篤志家が、「蓮池さん、地村さん、曽我さんに、それぞれ五〇〇万円ずつ渡してくれ」と、一五〇〇万円を振り込んできた。

すると横田代表らは、「怪しいお金かもしれない、リスクが高い」と、いったん一五〇〇万円をプール、確認のためということで、沖縄のその篤志家を直接訪ねた。

そして、「変なものではないことはわかりました。でも、拉致被害者は五人だけではないのですよ」と、その篤志家を説得し、「ではみなさんのために使ってください」との言葉を引き出したのだ。

なぜ「五〇〇万円を預かったのでお渡しします。ただしリスクがあるかもしれませんよ」と三人に渡さなかったのか、そこまで帰国した被害者には冷たいのか、と腹が立った。

小池百合子議員のカンパ金の行方

また、小池百合子(こいけゆりこ)衆議院議員が神戸で拉致被害者のためのチャリティコンサートを開催し、二百数十万円の収益を得たので寄付したいといってきたこともある。しかし、その寄付の仕方が奇妙だった。

まず、被害者三組を別個に訪ね、目録を渡し、写真を撮る。次に横田代表を訪ね、同様に目録を渡して写真撮影。しかし、目録は受け取ったものの、肝心のお金は、結局、弟のところには来なかった。

弟は、このお金は三人のなかでの最年長者、地村保志さんが受け取ったものと思っていた。なかなか配分してくれないが、お金のことなので、いいにくい。でも、思い切って地村さんに電話した。

「こんなこと聞くのは心苦しいんだけど、小池さんのチャリティコンサートの寄付金は、その後どうなりましたか？」

「どうなったって？」

と地村さん。

「なかなか、分けてもらえないので……」

「分けるっていったって、俺もらってないもの、分けようがないよ」

「えっ、本当ですか？」

「俺のこと、疑ってるの？」

小池百合子

「いやぁ、そういうわけじゃ……」

弟と地村さんは、北朝鮮で同じ招待所に住み、苦労も共にしたのだが、このときだけは二人の間に険悪なムードが広がったという。

しかし結局、そのお金も、「家族会」の横田代表のところに渡っていたのだ。

いまでも、あのときの小池議員の行動は理解できない。それ以来、「家族会」関係のお金は一切もらわない、そう弟はいい出した。それなのに、自分のところに集まったカンパ金は、すべて横田代表に送っている……。

また、荒木和博氏が代表を務める「特定失踪者問題調査会」のことは前述した。その荒木氏からは、横田代表あてに、「資金不足により会の運営が滞っている。『調査協力費』というかたちで金を回してもらえないか」という依頼があった。私の手元には荒木氏から「家族会」代表あてに送信されたファックスのコピーが残っている。

その金額たるや六〇〇万円……しかし横田代表は了承し、拠出した。私が記憶しているだけでも、それが数年間は続いたので、合計で一〇〇〇万円単位の大金が、「家族会」へのカンパ金のなかから「特定失踪者問題調査会」に渡ったことになる。「家族会」に集まったカンパ金をいったい何に使うべきなのか、また疑問が膨らんだ。

安明進氏による「救出作戦」にも二〇〇万円。増元氏への手当ても、「家族会」のカンパ金から支出されている……このように、「家族会」のカンパ金の使い方に関する不明朗さを挙げれば、枚挙にいとまがないのである。

なぜマスコミは萎縮するのか

さて、横田めぐみさんの安否については、さまざまな情報がある。間違っても「死んでいる」などといってはいけない。一〇〇〇万円没収されるのだから。

実際、ジャーナリストの田原総一朗氏が、「横田めぐみさんらの拉致被害者は生きていない。外務省もそれをよく知っている」と「朝まで生テレビ！」の放送中にしゃべったところ、一〇〇〇万円の慰謝料を求める民事訴訟が神戸地裁に提起された。訴えたのは有本恵子さんの両親、有本明弘さんと嘉代子さん。神戸地裁は、「合理的根拠のない発言で我が子の生存を願う感情を害した」と訴えを認め、田原氏に対して一〇〇〇万円の支払いを命じた。

田原氏は、有本夫妻が高齢であることなどを慮って、控訴せず支払いに応じた。

拉致問題に関して、日本政府の政策や「家族会」の意向に異論を唱えることがタブー化している。

田原総一朗

感情と理性の狭間で翻弄されてしまいそうだが、まだ帰国していない拉致被害者の安否については、実際のところ「わからない」というのが本当だ。生存か死亡か、そのどちらの証拠も明らかになっていないからである。

ところが、日朝協議における北朝鮮の報告にしても、「死亡」などという報告をしたら許さない」という風潮になっている。被害者への同情と北朝鮮への怒りの相乗効果によって、偏狭なナショナリズムが高揚している。そのような世相では、一層、北朝鮮が真実を語れなくなる。

万が一、死亡者がいるとしよう。しかし、その旨を伝えれば、大バッシングが起こる。確固たる証拠を示すのであれば、どのような報告でも受け入れる、そうしたメッセージを日本政府が示さなければ、事態は進展せず、真相が解明されることはない。

拉致された人々のなかには、もはや高齢者の部類に入る人も少なくない。最悪の結果を想定する覚悟をせざるをえない。それだけの長い年月が経過してしまったのだ。

拉致被害者の安否に関わる報道に、マスコミが慎重になるのは当然のことではあるが、「家族会」や日本政府の意向を忖度して、萎縮してもらっては困る。

先述のとおり、報道に多様性がなくなっているような気がする。私はそうした状況を憂慮するが、「家族会」のなかにも同じように発想する人が徐々に増えている。

弟が語った横田めぐみさんの真実

二〇〇四年六月、弟夫婦は上京し、赤坂プリンスホテルにおいて、北朝鮮での横田めぐみさんに関する情報を、洗いざらい横田一家に伝えた。それは、午後から夕食をはさんで深夜まで続くというものだったという。

「たとえ、めぐみさんの消息にとってネガティブな情報であったとしても、断腸の思いで話した」と、弟は当時を振り返る。

伝えられた情報は、ある意味、公開されているといってよい。その一部始終を、日本テレビが報道ドラマスペシャル「再会～横田めぐみさんの願い～」（片瀬那奈・主演）として放送したからである。二〇〇六年一〇月三日のことだ。

当時、日本テレビは、事前の番組宣伝を盛んに行っていた。すると次第に「家族会」や「救う会」から圧力がかかるようになり、それをストップする事態に追い詰められたのだという。

そして、あろうことか、ドラマの収録を終えたあと、放送前の段階で、「家族会」と「救う会」の「検閲」が入ったと、日本テレビ関係者から聞いた。その結果、いくつかのシーンがカットされたというのだ。

ドラマの視聴率は高くなかったらしいので、改めてその内容を記すことにする。

①めぐみさんは、精神的にかなり病んでいた。

②めぐみさんのＤＶが激しく、娘のウンギョンさんは、たびたび同じ招待所に住む弟、蓮池薫の家に避難してきた。弟はウンギョンさんを歓待した（ウンギョンさんは、うちの三番目

の子どものような存在だ、と弟は語る)。

③めぐみさんは、自分の髪の毛を自身の手で切る、洋服を燃やすなどの奇行を繰り返していた。

④めぐみさんは何度かの自殺未遂をしている。

⑤めぐみさんは、北朝鮮当局に対して「早く日本へ帰して」「お母さんに会わせて」と、盛んに訴えていた。弟は何度も止めるように促したが、彼女は受け入れなかった。

⑥夫の金英男氏は、めぐみさんとの結婚については、当局に騙(だま)されたといっていた。

⑦めぐみさんは二回、招待所からの脱走を試みた。一回は平壌空港を目指し、もう一回は万(マン)景(ギョン)峰(ボン)号が係留される港を目指した。その際、北朝鮮当局に発見され、拘束された。

⑧このため、弟一家や同じ招待所に居住する地村さん一家は連帯責任を問われ、「山送り(＝強制収容所行き)」の危機に晒された。だが、弟たちの必死の請願により、それは免れた。その代わり、めぐみさんは、義州(ウィジュ)という場所にある四九号予防院(精神科病院)へ送られることとなった。

⑨その際、夫の金氏は、「何があっても一切の異議を申し立てない」という誓約書を書かされた。

⑩一九九四年三月、病院に向かうめぐみさんが乗ったクルマを見送った。それ以降、めぐみ

さんに会うことはなかった。

⑪夫の金氏は、数年後に再婚し、息子をもうけた。

めぐみさんの母は弟の情報を信じずに

弟が語った情報には耳をふさぎたくなるような事実もあるが、どう考えるか、その判断は読者に委ねることとする。

特筆すべきは、義州の病院でのこと。私は二〇〇四年の日朝協議における日本代表団に対し、義州の病院を現地調査すべきだと強く要請していた。しかし帰国した代表団は、「義州へ行こうと考えていたのだが、めぐみさんの『遺骨』が出てきたため、それが実行できなかった」と説明した。

横田早紀江

北朝鮮当局は、「当初は義州の病院へ収容する予定であったが、当日になって急遽（きゅうきょ）、平壌の病院に変更した。であるから（めぐみさんが収容されていたのは）義州の病院と考えている人間がいるかもしれない」と、暗に弟の証言を否定するために予防線を張るかのような声明を出している。

義州の病院の現地調査は行われていないが、いまからでも遅くはない、横田めぐみさんのために、絶対に実施する必要がある。

以上の内容を、横田早紀江さんは、いかなる場所においても「知らない」と否定する。弟はそれを聞くと、「なぜだ、俺の立場がないではないか、せめて、聞いたけれども信じたくないといってほしい」と嘆く。

「遺体を見たとしても、めぐみちゃんが死んだとは信じない」と、神がかったような発言をする横田早紀江さんには同情を禁じえない。弟のもたらした情報を信じず、その姿勢が生きるための支えとなっている早紀江さんのことを思うと、北朝鮮は何ということをしてくれたのだと、改めて激烈な怒りが湧いてくる。

横田滋さんとの確執

二〇〇二年、横田めぐみさんの娘、すなわち横田滋・早紀江夫妻の孫ウンギョンさんの存在が明らかになった。そのとき横田滋さんは、孫との面会を熱望しており、訪朝も厭(いと)わないという姿勢を見せていた。

しかし「家族会」は、「訪朝は危険だ、拉致問題の終焉(しゅうえん)になる。いまは思い留まってほしい」と、横田さんと孫との面会、そして訪朝を制止した。

私も、弟の子どもたちの帰国問題で揺れているときに横田さんが訪朝すれば、一層、状況が混乱するのではないかと考え、やはり制止した。その見解を受け横田滋さんは、当座の訪朝は諦めたものの、孫に会いたいという気持ちを、ずっと引きずっていたのだと思う。

また、横田夫妻お二人の間にも、考え方の相違がある。簡単にいえば、滋さんは「宥和派」で、早紀江さんは「強硬派」なのである。意見が嚙み合わず、夫婦喧嘩（ふうふげんか）になることもあるらしい。

そうして二〇〇四年五月二二日、弟の子どもたちの帰国が実現した。もう、その影響を慮る必要がなくなったため、滋さんに「お孫さんに会いに行かれたらどうですか」といってみた。しかし滋さんは、

「余計なお世話です」

と、私を無視するように伏し目がちに答えただけ。「相当、根に持っているのだな」、そう感じたものだ。

孫との面会を平壌で行うべき理由

でも、そんなわだかまりがようやく解消されるときが訪れた。二〇一四年三月、ついに横

田夫妻と孫のウンギョンさんの面会が実現したのだ。たいへん喜ばしいことだった。

ただ、それは第三国のモンゴルで行われた。そこには「北朝鮮に来てほしい」と求めていた北朝鮮側の譲歩も窺えた。

世間では、この面会を評価する声が沸き上がった。ただ、その声があまりにも強いことに、私は違和感を覚えた。拉致問題は、孫に会えて終わり、という話ではない。その後どうするのかを忘れてはならない。

モンゴルでは静謐な面会に終始したが、拉致被害者家族として敢えて平壌へ乗り込み、マスコミも同席する公開の場で真実を質す、という選択肢もあったのではないか。

ウンギョンさんらが平壌のどこに暮らしているのか、夫妻が自分たちの目で確認してくる必要もあったと思う。事実、住所を尋ねたがウンギョンさんは、それに対して返答を拒否したという。

「拉致問題は解決済みだ」と主張する北朝鮮当局に対し、平壌に乗り込んで「私たち家族は納得していない」と直談判してもいいのではないか。

おそらく「家族会」や「救う会」は、「懐柔される」「幕引きされてしまう」と、猛反対するだろう。また、「家族にそこまでやらせるのは酷だ」、あるいは「政府間の外交交渉に素人が割って入るべきではない」といった批判の声が上がることは想像に難くない。

しかし、小泉訪朝から十数年が経過した。家族は高齢化し、残された時間は多くない。平壌へ乗り込み、北朝鮮当局者と直接交渉したいのだ、そう意思表示するだけでも大きな意義があるのではないか。

韓国の「家族会」の事情とは

さて「家族会」は、さまざまな国との国際的連携を企図してきた。果たして、そういう行動に意義はあったのだろうか。

まず、韓国の拉致被害者家族との連携である。韓国には、五〇〇人を超える北朝鮮による拉致被害者がいるといわれている。横田めぐみさんの夫だった金英男氏も、その一人として名が知られている。韓国にも「被害者家族会」があることから、そこと連携して救出を図ろうという目論見(もくろみ)だった。

しかし、当初はうまく機能しているように見えたのだが、私は韓国人の国民感情を見誤ったと感じている。

もとより韓国人と北朝鮮人は同一民族なのではあるが、韓国の拉致被害者の家族は、身内が北にいるというと、たとえそれが拉致によるものであっても、「偏向した」「スパイになった」というレッテルを貼られる。そのため、なかなか名乗りを上げられないという。

韓国政府は、日本政府との関係悪化のせいで、日本人の拉致問題に対しては距離を置くようになったという側面もある。そのようなことで、「家族会」と韓国との連携は先細りになってしまった。

実は、タイ、マカオ、ルーマニアにも、北朝鮮による拉致被害者がいることが明らかになった。こうして増元照明氏を中心に、現地の家族との連携が図られた。

しかし、決してうまくいったとはいえない。というのも、いずれの国も北朝鮮と国交があるが、日本と連携した場合には、彼らの外交交渉にねじれが生じ、逆効果になってしまうかもしれないからだ。これが私の見解である。

膝を屈しても国民を守るアメリカ

「家族会」は、アメリカには何度も足を運んでいる。横田早紀江さんは、当時のジョージ・ブッシュ大統領（ジュニア）とも面会した。

かくいう私も、ご多分に洩れず訪米した。多くの議員や有識者に会い、陳情や要請を繰り返した。すると、上院議員の一人は、「我が国ならとっくに海兵隊が出動している」と息巻いた。

ショックを受けた。これが国家というものではないか。日本の外交官は、上等のワインを飲んで、自分の任期中に事を荒立てないようにしているだけではないか。実際、アメリカは、セオドア・ルーズベルト大統領の時代には、北アフリカで拉致されたアメリカ人女性を救出するために、軍艦を派遣している。そして事実、彼女を助け出したのだ。

だが、アメリカが日本人を助けてくれるわけがないとも痛感した。日本がアメリカの五一番目の州であれば話は別だが、アメリカへ助けを求めに行くということは、すなわち日本政府が当てにならないということの裏返し、それだけなのである。

アメリカは最近でも、自国民の生命を守るためには、それこそあらゆる手段を講じている。アフガニスタンやイラクで多くの米兵が亡くなっているのは事実だが、北朝鮮にアメリカのジャーナリストが拘束されたときの奪還作戦は、非常にしたたかであった。北朝鮮の「恩赦」で話をまとめたのだ。このジャーナリストの不法入国の罪を認めたうえで、将軍様のありがたい慈悲でお許しを得る、そうした「恩赦」として処理させたのだ。

アメリカにすれば、頭を下げたと見せて、陰では舌を出しているのであろうが、自国民を救出するという、強い意志は伝わってくる。おまけに、「それなりの人が迎えに来い」という北朝鮮の要求も受け入れ、ビル・クリントン元大統領が訪朝した。このアメリカ政府の姿勢を日本政府も見習ってほしいものだ。

「家族会」は毎年、国連を訪れ、機会があれば陳述を行っている。その甲斐あって、国連人

ビル・クリントン

権理事会や国連総会において北朝鮮の「人権状況決議」が採択され、その人権侵害が非難されるようになった。二〇〇二年以前、国連の人権委員会への提起を試み、あまりにもハードルが高いと諦めざるを得なかったことを思い起こせば、夢のような話である。

しかし、北朝鮮が本当に怖いのはアメリカであり、国連など相手にしていない。国連の決議だけでは手に負えないのだ。

北朝鮮の核・ミサイルの問題に関しては、国際的連携が必要であり、またそれが有効であろう。なぜならミサイルは何千キロも飛ぶからである。それに対し拉致問題は、日朝固有の問題である。したがって、日本が単独で北朝鮮と協議を進めていくことこそが、得策だと考えている。

「家族会」の右傾化を指摘されて

さて「家族会」は、結成以来「救う会」の影響を受け、次第に右翼的に先鋭化したというのは先述の通りである。署名用紙のタイトルが、「拉致被害者の救出を訴えます」から「拉致被害者救出のため北朝鮮に経済制裁を」に変化したことからも、それは明らかである。

また、日本政府の北朝鮮に対する食糧支援に反対して外務省前で座り込みを敢行したり、自民党本部への抗議活動も行った。私もその一員として活動していたのは紛れもない事実であるが、二〇〇二年以降、転機が訪れた。

あるマスコミの記者の取材を受けているとき、彼のメモ帳を垣間見た。するとそこには、『家族会』の右傾化」と記されていた。瞬間、意味がわからなかったが、よくその言葉を噛みしめてショックを受けた。

「どこが右傾化だ！　そう思うなら、なぜそれを報道しないのですか」

と、その記者に抗議してみたものの、

「いっていること、やっていること、そのすべてが右翼そのものじゃないですか」

という指摘に反論することはできなかった。

自分の胸に手を当てて考えてみた。それまで、自分の行っていることは全部正しいと考えていた。自分自身のことを振り返る余裕などなかった。とりわけ二〇〇二年の小泉訪朝から、私は勘違いしていたと思う。まさにヒーロー気分で突っ走っていたに過ぎない。いま考えると非常に恥ずかしい。

記者のいうことは正しい。一方に偏っている言論は、大多数の国民には、絶対に受け入れられない……。

「変節者」「国賊」と呼ばれ

もちろん、帰国した弟からも重要な示唆を得た。そして、「右傾化」した「家族会」を何とかしなければならない。少なくともニュートラルな立場に変えなければならない。そのためには、ある意味、左翼的な考え方を注入する必要もある、そう考えた。

それから私は、

「北朝鮮と対話、そして協議を」「経済制裁は武力行使と平和的解決のあいだにある方策、それも極めて武力行使に近い。しかるに我が国にとって最後の手段であるのだから、被害者救出に直結する戦略的なものであるべきだ」

と訴え始めた。

すると、とりわけネット上では、「変節者」「国賊」「北の代弁者」「売国奴」との誹謗中傷が相次いだ。

確かに私は態度を変えた。しかし、ここで断っておきたいのは、それが決して弟が帰ってきたという理由からではない、ということだ。もし、それで事が済むのであれば、「黙して語らず」が最も楽な方法ではないか。

前述したように、弟はまだ精神的に解放されていない。自分たちだけが帰ってきて、まだ帰ってこない人がいるという事実に、ある種の負い目を持っている。

問題が解決しなければ、それは解消されない、その一心で私は動き、声を上げている。弟に、早く気兼ねのない暮らしを送ってもらいたいと願うだけだ。私は変化したのではなく、進化したのだと思う。

「家族会」から除名された理由

そのような私の気持ちを知ってか知らずか、「家族会」からクレームが来た。それも、配達証明付きの郵便で……。

小泉政権時代から「小泉再訪朝より経済制裁を」と訴えていた「家族会」と、北朝鮮との対話を主張する私のあいだには、完全に亀裂が入ってしまった、これは明らかだった。

「あなたの昨今の主張は、我々の総意と異なるものだ。即刻止めるか、もう一度、総意を確認せよ」という主旨の配達証明。私は、「総意とは拉致被害者の救出ではないのか。その方法論には多様な意見があるのが自然ではないか」という反論をしたためた。

しかし、意見は嚙み合わなかった。しばらく放置していたのだが、突然「家族会」は「蓮池透の退会を決議」という不可思議な声明を出した。

実際には「除名」であるにもかかわらず、「退会」とはどういうことか？　それは自身が申し出るものではないか？　と甚だ不愉快ではあったが、「私を排除することが、拉致問題の早期解決につながるのであれば、甘んじて受け入れる」と回答した。二〇一〇年のことである。

それ以前から、マスコミは「家族会」内部のトラブルは一切報道せず、いわば「聖域」に指定していた。こうして「家族会」は、強力な圧力団体と化していったのである。

現在、「家族会」は、安倍政権の対北朝鮮対話政策に協調している。それこそ、総意に反するのではないか。安倍氏のいうことなら、何でも応じるのか。ならば全員「退会」だ。そんな独り言をいっている自分がここにいる。

第八章　「家族会」を過激にした張本人

「家族会」の方針転換の裏側

「家族会」が結成された一九九七年当時、私は東京電力に勤める一介のサラリーマンだった。特定の思想があるわけでもなく、まったくのノンポリで、新聞さえまともに読んでいなかった。

ただ、理数系出身であったことから、与えられた命題を演繹（えんえき）して単一の解を導き出すという論理的思考回路は持ち合わせていたと思う。また私は元来、人見知りをするほうで、初対面の人からインタビューを受けることなど大の苦手だったのだが、二〇〇二年九月一七日の小泉首相訪朝以降は、自分でも性格が変わったように思う。

そんな私だったが、次第に「救う会」の洗礼を受けていくことになる。「北朝鮮による拉致被害者の救出を訴える決議書を国へ提出してください」と地方議会へ訴えているうちはまだ良かったのだが、二〇〇〇年三月六日、私たちはついに強硬な手段に打って出た。そう、外務省前での座り込みに出たのである。

これは北朝鮮に対する人道的なコメ支援に抗議するもの。そして、あくまでも紳士的な手段で訴えていくという、当初の「家族会」の基本的方針を大転換した、初めての行動であった。

当日は、三月とはいえ非常に寒い一日で、全身が凍えたのを思い出す。しかし、抗議によって日本政府の方針が変わることはなく、河野洋平外務大臣は、「支援をして相手を交渉のテーブルに引き出す。それがなければ始まらない」と語っていた。いま考えれば、まさに正論であるのだが、そのときの私たちには、そのようなことを聞く耳はなかった。

翌日は、自民党本部前に場所を移して同様に座り込みを行った。またハンドマイクを使って「コメ支援反対」などと大きな声を張り上げた。しかし、多くの自民党議員の目には、我々は騒がしい変な圧力団体としか映らなかっただろう。

北朝鮮に直接抗議するのではなく、なぜ自国の外務省や自民党に向かって抗議しなければならないのかという大きな疑問も湧いた。それ以外に方法がなかったのではあるが、考えてみれば当時の日本政府は交渉重視の、いわゆる宥和路線を敷いていたのである。その後とは正反対だった。

では、なぜ日本政府は方針を転換してしまったのか。その大きな原因は自分たちの言動にあったことを肝(きも)に銘(めい)じておかなければならない。

テレビ朝日のトイレでハマコーは

二〇〇二年九月の小泉訪朝後、私たちを取り巻く環境が激変したのは前述したとおりである。まったく無視されていた者たちが一躍脚光を浴び、マスコミからは引っ張りだこに。多くの政治家からも接触され、大多数の国民からは同情された。図に乗らないほうがおかしいという状況だったかもしれない。

私も例外ではなかった。さまざまなマスコミで「強硬派の急先鋒」「カリスマ事務局長」「政界進出か」などと報道された。口では「そんなことありません」と否定しながらも、内心いい気分でなかったといえば嘘になる。それらを追い風にして、私の態度はますます先鋭化していった。

同年一一月六日、テレビ朝日「ニュースステーション」に出演した際には、久米宏キャスターに「影響力のある久米さんの口から、日本人を返せといってください」と要請したのに対し、久米氏はアメリカの話でお茶を濁した。このように一貫した久米氏の態度に腹が立ち「ご職業は」と訊かれ、「余計なお世話です」と、たいへん失礼な返答をしてしまった。ちなみに当時の私は、東京電力から日本原燃へ出向中の身分だった。

二〇〇三年三月、「家族会」の訪米後には川口順子（かわぐちよりこ）外務大臣に面会。アメリカでいわれたことをヒントに「拉致はテロではないか」と迫ったが、一切、川口氏は認めなかった。そこで面会の終了後、報道陣に向かって「外務省は敵だ」と叫んだ。あの増元照明氏にも制止されるほどの勢いだった（「現在の日本政府だったらテロだと認めるのだろうか」というのは余談である)。

また、そのあと出演したテレビ朝日の「TVタックル」では、衆議院議員を務めた「ハマコー」こと浜田幸一氏に、「外務省は敵だ、などという奴は誰だ? そんな奴は日本人ではない、日本から出て行け!」と、厳しく叱責されたことを思い出す。

しかし番組収録後、たまたまトイレで一緒になった浜田氏から、「ちょっといい過ぎた。ごめんな。俺は『悪党』だから」といわれた。憎めない御仁であった。ただ、私の後先を考えない独りよがりの発言については、いまは強く反省している。

川口順子

続く二〇〇三年五月の憲法記念日には、中川昭一衆議院議員から「改憲派の集会で一言しゃべってくれ」と依頼された。会に参加したものの、憲法と拉致問題の関係が理解できず、「何をいっていいのかわかりません」と戸惑っていると、「九条が邪魔だとでもいっておいてくれ」と、中川議員にアドバイスされた。

実際その通り、「憲法九条が拉致問題の解決を遅らせている」と話してしまった……ノンポリで勉強不足、無責任な姿を露呈する結果となった。
また、二〇〇三年七月、TOKYO MXテレビ「東京の窓から」での石原慎太郎都知事との対談も、いま思えば恥ずかしい。「いまどきあんたのような人は珍しいよ」とおだてられ、「個別的自衛権を発動して、自衛隊が救出に行ってもいいのではないか」とまで

中川昭一

口走ってしまったのだ。
しかし当時は、個別的自衛権の何たるかもまったく知らず、誰かの発言をそのまま受け売りしていただけだった。お調子者といわれても仕方がない。

「競馬三昧の日々を送る事務局長」

このように、二〇〇三年末までは、いま原稿を書いていても指が動かなくなるほど恥ずかしいことを、あまた犯してきた。そのぶん右翼の人たちからは支持を受けたが、一方で左翼の人たちからは徹底的に批判された。

たとえば「噂の眞相」誌。ＪＲＡ（日本中央競馬会）の場外馬券売り場で盗撮され、「競馬三昧の日々を送る蓮池透事務局長」という主旨の記事に仕立て上げられた。これが原因で「蓮池透はカンパ金を競馬につぎ込んでいる」「一〇〇万円単位で勝負している」といった噂が広がった。

これは事実と反するが、いずれにせよ左右の垣根を越えて取り組まなければならない拉致問題に、左右対立構図を持ち込んでしまった。そして右翼勢力の主張を牽引し、反北朝鮮感情を煽り、「あんな国とは交渉などできるはずがない」と、日朝間交渉の機会を奪うかたちとなってしまった。

その結果、拉致問題の進展を遅らせる一端を担った。この点で、私の責任は重い。大きな良心の呵責を感じている。

ところが私が対話・交渉などと宥和路線を唱え始めると、「国粋主義者」から一転して、「売国奴」「変節者」「北の代弁者」などの言葉がネット上で踊り始めた。

すると「家族会」内部でも、「あなたの発言には、もう説得力がない。それは弟が帰ってきたからだ」などという意見が出始めた。それを契機に、程なく私は事務局長を辞任することとなった。

横田滋さんの訪朝を制止した理由

前に少し触れたが、二〇〇二年の暮れも押し迫ったころ、各マスコミで、祖父母との面会を望み、その訪朝を促す、横田めぐみさんの娘キム・ヘギョン（ウンギョン）さんの映像が報道された。それを受けて横田滋「家族会」代表は、孫との面会を熱望するとともに、訪朝の意を表明した。

しかし「家族会」では、横田早紀江さんも含めて、滋さんの訪朝を制止しようとした。なかでも猛反対したのが、かくいう私。その理由は、次の二つだった。

①私の弟たちの子どもの帰国を模索する日本政府と北朝鮮政府との関係が、横田滋さんの訪朝により混乱してしまう。

②横田滋さんが訪朝して孫と面会することにより、拉致問題そのものの幕引きが行われてしまう。

「ヘギョンさんは、めぐみさんではありませんよ」とまで私はいってしまった。結局、横田滋さんは折れてくださった。しかし、断腸の思いだったはずだ。

いま孫を持つ我が身のこととして振り返ってみれば、なぜあのような暴言を吐いてまで横田滋さんの訪朝を制止したのか、赤面の極みである。横田さんから恨みを買っていたとしても、もちろん責任は私にある。

そんな愚かな私は、弟の子どもたちが帰国したあと、「これで障害がなくなりましたので、どうぞ訪朝してください」と横田さんに進言し、「余計なお世話です」とそっけなくい返されてしまった。これも当然のことである。

二〇一四年、念願叶って横田夫妻とヘギョンさんとの面会が実現した。面会の場所が平壌ではなくモンゴルだったのが残念だが、面会自体は非常に喜ばしいことであった。二〇〇二年の訪朝を強く制止したことについては、横田さんに対し、心からお詫びを申し上げる次第である。

日朝の約束を反故にした張本人とは

こんな私が、いまでもどきりとさせられる指摘がある。

「あなたが日朝間の約束を反故（ほご）にした張本人だ」

「日朝国交正常化を蔑ろにした」

「あのとき、あなたが弟さんを北朝鮮へ戻していたら、万事がうまく運び、他の被害者も帰国できた可能性が高い」

「現在の拉致問題の膠着は、すべてあなたの言動に原因がある」

どれも、私の責任を問うというものである。

「ちょっと待ってください。もし、あなたが私の立場だったらどうしますか？　日朝国交正常化のために、家族を捨て石にするのですか？」

そう私は反論する。

そもそも、そのような日朝間の約束が、いかに不条理なものであるか、口を酸っぱくして述べてきた。約束を履行（りこう）するべきだったという人たちが少なからずいるという現実は、非常に不本意である。

弟を北朝鮮へ戻していたら、本当に弟は再び日本の地を踏むことができたのか、他の人も帰ってくることができたのか……私はそうは思わない。

私は、「個」対「国家」という構図の下、極めてハードな闘いをしたと思っている。弟を日本に留まらせるという実績を作ることによって、横田めぐみさんを始めとする他の被害者の帰国につながっていくとの確信を持っていた。

結果的に日朝間の約束を破ることになったのは確かである。しかし、あのとき弟を手離してしまっていたならば、私たち家族はいまごろ「平壌詣で」を強（し）いられていただろう。いまでも弟を引き止めた私に非はないと考えている。

話が少し逸れるが、弟を日本に留まらせるための説得に唯一協力してくれた弟の親友、丸（まる）

田光四郎（たこうしろう）氏が、二〇一五年六月に亡くなってしまった。享年五八、あまりにも若すぎる死である。

何がいいたいかといえば、それだけ長い時間が経過しているということだ。「その間お前は何をしていたのか」と問われれば、返す言葉はない。さまざまな機会を通じて自分なりの意見を発信し続けてきたつもりではある。だが残念ながら、私は政治家でもなければ外交官でもなかった。歯痒（はがゆ）い気持ちでいっぱいだ。

複数のルートから訪朝の依頼が

「蓮池さんしかいない」「あなたが直接訴えれば結果が出る」——複数のルートから訪朝を促されたこともある。個人的に北朝鮮との太いパイプを持つ団体、「よど号グループ」と親密な関係を持つ人たちなどからである。

もちろん「家族会」や「救う会」から大バッシングを受けるのは目に見えている。また日本政府も諸手（もろて）を挙げて賛成とはいわない。さらに弟からも大反対されるだろう。実にデリケートな問題だ。

そんなことは重々承知だが、もし私の訪朝が実現するならば、まだ残る拉致被害者の帰国を要求し、弟たちへの犯罪に対する謝罪と補償を引き出すなど、北朝鮮側へ強く要求するつもりでいる。

単純な思い付きではない。誰も何もしてくれない絶望的な状況下で、被害者家族が北朝鮮の要人と直接会うことには、大きな意義があると考えているからだ。

しかし現時点では、いずれのルートも不調に終わり、未だに実現していない。横田めぐみさんら被害者救出の役に立てずにいることは、慙愧(ざんき)の念に堪(た)えない。この問題を進展させたいという私の強い気持ちは、読者の方々にぜひ理解してもらいたい。


「安倍さんは実に罪作りだ」


結局、自分では何もできなかった。そんな私がいまできることは、政治家への請願だ。最近もある国会議員と面談した。その国会議員の言葉や分析は鋭かった。

「『家族会』は未だにお願いしますと訴えているが、もはやそのような段階ではない」

「拉致被害者一人につき一〇億円払っても返してもらう。あとで『過去の清算』をして賠償金を払うとき、その分を差し引けばいいんだ」

「大阪へ行くのに札幌行きの飛行機に乗っているようなものだ。いまの日朝交渉は、大阪に着かないので大阪が悪いといっているに等しい」

「山谷(やまたに)えり子拉致問題担当大臣はニューヨークで吠えているだけ。北朝鮮に直接いうべきじやないか」

「拉致問題が最優先という方針があるため、日本人妻など、他の関係者たちが困惑している」

「日本は経済支援をする、だから真実を明らかにしなさい、と北朝鮮にいわなければだめだ」

「安倍さんは、全員を取り戻すと、できもしない放言をしている、実に罪作りだ」

いずれも大いに賛同できる見解だ。「その意見を、ぜひ公表してください」とお願いすると、「内閣と違った方針を公表することはできないのだよ」と一言……結局、そのような政治力学が作用するのか、と落胆するばかりだった。

拉致問題を解決する力を持つのは、やはり政治家なのである。「家族会」でも「救う会」でもない。どんなかたちでも、拉致問題解決に至る新しい道を模索してほしい。

謎が残る横田めぐみさん拉致の理由

ところで、北朝鮮はなぜ日本人を拉致したのか。

北朝鮮は南北統一（一国としての朝鮮）を最終目標として掲げており、その活動の一環として、韓国、日本、欧米諸国へ工作員を潜入させ、諜報活動を行ってきた。日本人拉致の目的は、一言でいえば、その工作員の養成にある。

比較的高齢の日本人については、拉致することで身元不明にして戸籍を奪い、偽造パスポートの入手に利用する。その他の人は、北朝鮮で徹底的に教育して、一流の工作員に仕立て上げる。

初期は主として女性工作員（女スパイ）の養成を志向しており、標的は女性だったという。ところが、ベイルートで拉致し、訓練していた四、五人のレバノン人女性に大使館に逃げ込まれるという大失敗があった。それを教訓に、工作員が必ず北朝鮮に戻るようパートナーを自国内に置く、すなわち人質を取る意味で、男性も一緒に拉致するようになったとのことである。

「俺はおまけだったんだ」と、弟の慨嘆すること。

その後、大きな方針転換があった。拉致した日本人を工作員にすることは止め、北朝鮮の工作員候補者に対して日本語や日本の文化・風習などを教育する「教育係」として利用するようになったのだ。

よく「日本語や文化・風習を教育するのであれば、わざわざ日本人を拉致する必要などなく、在日朝鮮人を活用すればいいのでは」という疑問を耳にする。しかし、在日朝鮮人には、すべてといっていいほど北朝鮮に親戚がいる。北朝鮮と何らかのコネクションがあれば、それは情報の漏洩につながるのだ。そのリスクを恐れ、北朝鮮社会と何の関係もない日本人を使うのだという。

弟は、北朝鮮に軟禁されていた二四年間の後期、日本の新聞、雑誌、書籍を朝鮮語に翻訳し、当局へ提出する仕事もしていたらしい。弟は、「俺が唯一、北朝鮮で身に着けたビジネス・スキルは、朝鮮語だ」といっている。

実際、帰国後、翻訳本の出版や大学での朝鮮語（韓国語）の授業で暮らしを立てているのだから、それは確かにしっかりと身に着いたようだ。

このように拉致された日本人は、北朝鮮でさまざまな役割を担わされたが、横田めぐみさんに関しては、その拉致の目的がわからない。工作員にするにも「教育係」に当てるにも、一三歳では若すぎるのだ。

めぐみさんは一一月に拉致された。それも「時期的におかしい」と、弟は疑問を呈する。「拉致は総じて日本海の波が静かな夏場に実行される。その点、一一月では難しい」それが理由だ。

目撃された工作員が証拠隠滅のため拉致した、いわゆる「遭遇拉致」など、いろいろな説があるが、真相は明らかではない。

いずれにせよ、北朝鮮の口から拉致の目的が公式に語られたことはない。二〇〇二年の日朝首脳会談の際も、金正日総書記からは、単に自分の知らないところで特殊機関の一部が盲動主義に走ったというだけ……なぜ拉致が実行されたかの説明はなかった。

一部の「盲動主義者」がやったはずはない。金正日総書記の指令に基づくものであったのは明白だ。

ただ、北朝鮮の人たちには、かつて朝鮮人が何万人も強制労働のようなかたちで日本に「拉致」されたのだから、日本人を一〇人や二〇人拉致したところで大した問題ではない、という意識があるようだ。しかし、罪を相殺（そうさい）するという考え方は詭弁（きべん）だ。植民地時代の日本の行跡と拉致問題は、別個に解決しなければならない。

過去の清算と拉致問題をセットに

一方で、日朝間に国交がなく「過去の清算」ができていないことが拉致事件の発端（ほったん）になり、かつ問題の解決を遅らせている面がある、そう私は考えている。

地村保志さんが帰国の一年後、手記に「戦後国交が正常化されていない日本との対立関係が（拉致事件が起きた）背景にある」と示したことは印象深く覚えている。以下、引用させていただく。

〈「家族・親子が一緒に暮らす」というのは、通常の生活形態である。しかし、世の中には家族・親子がそれぞれ生き別れになって生死も分からず暮らす不幸な人々がたくさんいる。身近な例を挙げれば、在日韓国・朝鮮人の人、この人たちは個々の事情により自ら日本に渡って来た人もいると思うが、過去の戦争による犠牲者も少なからずいる。また朝鮮半島においては、朝鮮戦争時、生き別れになり今日までお互いの生死すら分からないまま暮らしている離散家族と呼ばれる不幸な人々がたくさんいる。これらの人々にとって「家族の絆（きずな）」というものは並々ならぬ想いがある。

そもそも北朝鮮による拉致事件はなぜ起きたかを考えると、そのひとつに戦後国交が正常化されていない日本との対立関係が背景にあるものと考えられる。そういった意味で拉致は戦争の延長、犠牲とも受け止められる。このように国家間或（ある）いは国内の内戦の犠牲になり生き別れになった人々にとっての唯一の願いは、家族の再会であると思う。しかし私自身、拉致問題は戦後に起きた国家犯罪であり北朝鮮が拉致事実を認めた以上、早

地村保志

期解決と謝罪があって当然だと思う。まして家族の帰国問題は、人道上の観点から考えても、無条件、即時実現されるべきである。

（二〇〇三年一〇月一五日付朝日新聞朝刊【大阪本社版】地村さん夫妻の手記全文より）〉

弟も、こう語ったことがある。

「頭でわかっていても抑えられない感情が相手にあることを理解するべきだ。それを刺激してはいけない。日本と朝鮮半島の過去の事実を踏まえながら今後の関係を発展させていくヒントはそこにある」

我々が「そのような歴史は知らないし、興味もない」という態度では、ますます日朝間の「温度差」が大きくなってしまうのだ。

日朝のために日米関係を俎上に

今日、書店へ行けば、「嫌韓本」や「嫌中本」が山積みにされており、しかも売れているのだという。街では、「ヘイトスピーチ」がまだ根強い。何をおいても、こうした嘆かわしい状況を解消しなければならない。

隣国である韓国や中国との関係改善もできず、絶対的な独裁者が牛耳（ぎゅうじ）る北朝鮮とうまく渡り合えるとは思えない。

そのためにはまず、拉致問題の「解決」とは何かを定義し、家族や国民に周知したうえで、北朝鮮との合意を得ることが必須である。私はまず、対象を政府認定の拉致被害者一二名に絞り、段階的に解決していくべきだと考える。加えて、一二名の安否に関して、日本政府はもちろんのこと、家族や帰国した被害者が納得できる真実が示されることこそが「解決」であると考える。

安倍首相は、「拉致問題を解決しなければ未来を描くことはできないと、北朝鮮に理解させることが大切だ」と語る。そんなことは、北朝鮮は百も承知だ。ただ、合法的に金を取れる相手として日本を捉えているのだ。

肝心なのは、どうやってそれを実現させるかである。首相は「あらゆる手段を尽くす」ともいうが、そこに具体像は見えない。「過去の清算」は避けて通れない道であると私は考える。

理想的には、日本の情報収集活動によって被害者の居場所を突き止め、それをもとに北朝鮮を追及することであろう。が、どうやらそれは難しそうである。交渉を継続するしかないだろう。

また、日本が独自に行っている経済制裁を段階的に解除していくという、場当たり的な甘い考え方では通用しないと思う。だからこそ、「過去の清算」をテコに交渉することを提案したいのだ。

日朝平壌宣言でも「過去の清算」を行うことが謳われているではないか。ただ、あまり具体的なことは示されておらず、国交正常化後のこととされている。

そこで、それを具体化し、北朝鮮側に行動する準備があることを提示してはどうか。そして、北朝鮮の拉致問題への誠意ある行動と時を同じくして行動するのだ。北朝鮮が行動しやすくなる環境を作り、懐の深さを示すことも重要である。

しかし、ここで大きな問題が立ちはだかる。「過去の清算」とはいえ、それは一種の北朝鮮支援に他ならない。その行動に対し、海外、特にアメリカから横槍が入るのは間違いない。それをどうするかだ。

賠償金の支払いは、まず困難であろう。「核やミサイルの開発に使われる」との反発が噴出するのは明らか。発電所・送電線やダムの建設、あるいは道路の舗装といったインフラの整備はどうかといえば、それも厳しい。「核・ミサイル開発を助長する」となる。

すると、日本の交渉力で、北朝鮮の核・ミサイル開発を凍結させるのがベストのシナリオとなるのだ。

では、現状でできることとして何があるのか、それを弟と議論してみた。

人道的な食糧支援。軽工業への支援（重工業に対しては困難）。農業支援、特に土壌改良（酸性からアルカリ性へ）。羅先や開城といった経済特区のインフラ整備（むしろ韓国、中国、ロシアに歓迎される）。そうしたことになる。

かつて「白髪になるほど知恵を絞れ」と日本政府に訴えた弟の言葉を思い出す。

安倍政権に問いたいのは、「過去の清算」をして、将来の日朝国交正常化のため、日米関係まで俎上に載せる覚悟があるのかどうか、ということだ。しかし対米従属一辺倒の現状では、期待するほうが無駄というところかもしれない。

歴史が証明したこと

「家族会」も、「経済制裁強化」などという強硬姿勢一本槍は、もうそろそろやめたらどうだろう。それに効果がないことは、歴史が証明している。それこそ、見果てぬ夢を追うのは疲れるだけだ。

「家族会」にできることは、すべてやったと思う。あとは日本政府が動くのみなのだが、そうした状況で成果が見られず、怒りや苛立ちといった感情に支配されていることは理解できる。だからといって自暴自棄になり、強硬姿勢だけで臨んでも何も変わらない。

「被害者意識丸出しだ」「被害者は、なぜか胸を張っている」などといった声も聞こえてくる。被害者は常に謙虚でなければならない。最近それが欠けてはいないか。

厳しいかもしれないが、ここは冷静になり、日朝関係を、もっと大局的な見地から見直すべきだ。お互いの一方的な主張をぶつけ合うだけでは、何も生まれてこない。

家族が突然いなくなり、過去には「行方不明者」「家出人」として扱われた事件が北朝鮮による拉致だとわかり、いまや国際問題へと発展してしまった。そうなったからには、日本と北朝鮮のあいだにある長い歴史の全体を直視し、そのなかに拉致問題を位置づけて検討していかなければならない。

特別対談――拉致問題の現在と最終解決

青木　理（ジャーナリスト）
蓮池　透

聖域化した「家族会」と「救う会」

蓮池　私が青木さんに注目したのは、雑誌「選択」に書かれた記事でした。

青木　あれは「日本のサンクチュアリ」という連載コーナーに書いた原稿でしたね。日本社会で一種の「聖域」というか、タブー化されている諸問題に斬り込むという連載。編集部から依頼されて「家族会と救う会」というテーマを取り上げたのです。

あのころ、「家族会」や「救う会」は完全にタブー化されていて、批判や反論がほとんど不可能なメディア状況に陥っていましたから、それはいくらなんでもまずいだろうと思って書いたのです。

もちろん、凄惨な運命を背負わされた拉致被害者や家族の人々への配慮は必要です。ただ、「家族会」はもとより、周辺で支援する「救う会」メンバーの言説までがタブー化されてしまっていた。相当に乱暴でファナティックとしか思えない主張を繰り返しているのに、それに対して少しでも批判めいたことを書いたり喋ったりできない。「北朝鮮と真摯な交渉を継続すべきだ」などと訴えただけで「弱腰だ」「北朝鮮の思惑に乗せられるのか」など、果ては「北のスパイだ」などというバッシングを受けてしまう。

メディアの側も情けないのですが、すっかり萎縮ムードが広がってしまっていましたから。

平壌で見たメディアの萎縮

青木　私は当時、通信社のソウル特派員としてソウル支局にいたのですが、本社の社会部記者たちと一緒に平壌に入ったことがあります。まだ北朝鮮に残っていた拉致被害者の家族にインタビューするのが目的だったのですが、同僚の社会部記者たちも、一緒に平壌入りした民放テレビ局の記者たちも、異常なほど神経質になっていました。下手なことを報じたら猛烈なバッシングを浴びかねない、と……。

現地では北朝鮮政府の担当者から、「横田めぐみさんの娘さんもインタビューできる」と持ちかけられたのです。焦点の人物に直接会って話を聞くのはメディアの務めだし、明らかな特ダネですから、普通ならすぐインタビューするでしょう。他方、娘さんは未成年の子どもですから慎重な対応が必要だし、北朝鮮側の思惑に沿った発言しかできない可能性が高いけれど、それはそれとして、きちんと原稿のなかに書き込めばいい。

もしインタビューをこちらから断るにせよ、あくまでもメディアとしての主体的な判断のもとで行われるべきです。

しかし、実際はそうではなかった。同僚の社会部記者たちも、テレビの記者たちも、東京と連絡を取り合って「どうしようか」と頭を抱えている。インタビューはしたいけれど、「北朝鮮を利した」「北朝鮮の思惑に乗せられた」といってバッシングされるかもしれない。一方で、こちらが断っても、ライバルの民放テレビがインタビューを決行し、出し抜かれてしまうかもしれない。萎縮と腹の探り合いが延々と続いたわけです。なんともバカバカしいことになっていると思いました。

そんな思いを抱えて鬱々（うつうつ）としていたこともあって、タブー化している「家族会」と「救う会」やメディアの現状を一度総括しておかねばならないと考えていました。

変質していった「家族会」

蓮池　青木さんの記事を読んで、凄いなと思ったのですが、匿名記事だったので……。

青木　あの雑誌は基本的にほとんどの記事が匿名なのです。私、あまり匿名で書くのは好きではないのですが、親しい編集者が当時の編集部にいて、熱心に依頼されたので、例外的に引き受けたのです。

蓮池　そこで私は編集部に直接電話して「書いた方とお話ししたい」と。とにかく、サンクチュアリという言葉とファナティックという言葉に非常にショックを受けたのです。当時、私が事務局長を務めていた「家族会」に対しては、批判めいたことは書けないという空

気が蔓延（まんえん）していましたからね。

青木　ご本人を前にして申し上げるのも失礼ですが、蓮池さんご自身も当時はかなりの強硬派でしたね。「家族会」の……というより「家族会」のごく一部の方と、「救う会」の幹部、亡くなった佐藤勝巳（「救う会」元会長）さんや現会長の西岡力さんなど、あるいは「家族会」では蓮池さんや増元照明さんあたりが急先鋒でした。

蓮池　でも、私はそのころはもう、変わりかけていました。

青木　ええ。でも二〇〇二年の日朝首脳会談からしばらくあとまでは、「家族会」のなかでは蓮池さんが最も過激というか、政府に対してもメディアに対しても、かなり強硬なことをおっしゃっていました。それが徐々に変わられた。それはひょっとして、帰国した弟の薫さんとお話しされているなかで変わったのではないか、そう勝手に推測しているのですが。

蓮池　それもありますけど……このころは既に「家族会」からは、「あなたのいうことはもう説得力がない」「事務局長をやめたらどうか」などといわれていました。

「救う会」のカネと主導権争い

青木　「家族会」のなかでも、さまざまな葛藤(かっとう)があったのだと思いますが、「救う会」にもカネの問題や主導権争いなどがありました。最初の会長として「救う会」の活動を主導した佐藤勝巳さんは、もともと共産党員で、在日朝鮮人の祖国帰還事業などのため新潟で奔走(ほんそう)していましたね。ところが、北朝鮮の内情や帰還者の悲惨な実態がわかるにつれて転向し、その後はかなりファナティックな反北朝鮮主義者というか、金正日政権打倒のイデオローグのような立場になりました。

共産党からの転向者にはしばしばいるパターンですが、彼が率いた現代コリア研究所も、まっとうな北朝鮮ウォッチャーの研究者やジャーナリストのあいだでは、かなり特異で過激な主張を繰り広げる「反北活動家」という目で眺められていました。

その現代コリア研究所に西岡力さんもいたわけですが、お二人とも基本的に「オレがオレが」の人だし、日朝首脳会談のあとは華々しいほどの注目を集めたから、運動内部で陰湿な主導権争いが起きた。不透明な金銭的なスキャンダルも取りざたされた。その「救う会」の支援を受けた「家族会」のなかでも、肉親が帰ってきた家族とそうではない家族の感情も異なるだろうし、横田さんご夫婦のあいだでさえ、考え方がかなり違うでしょう。

蓮池 「救う会」は、なぜあれほど北を敵視するのでしょうか。荒木和博さんにしても、「自衛隊の予備役(よびえき)になって自分が戦いに行くのだ」みたいなことまでいっている。二〇〇四年に、あの人は中山恭子さんに手紙を出して、「自衛隊の力を使わないとだめだ」などと書いていいます。

青木 蓮池さんは承知のうえでお話しになっていると思いますが、そもそも拉致問題が大きな関心を集めるようになる以前、日本が朝鮮半島を眺めるときの視座というのが、現在とは相当に異なっていたわけです。特に北朝鮮という存在は、うっすらと膜のかかったタブー的なテーマというか、あまり突っ込んで論評したり批判したりするのが憚(はばか)られるようなムードがありました。

拉致問題も、日本政府や警察当局はうすうす勘(かん)づいていたわけです。一部の拉致事件に関しては、発生前後に北朝鮮がらみの不審無線が飛び交っているのを警察庁の秘密組織が傍受していましたからね。

ただ、別に左派に限らず、歴代の自民党政権だって外務省だって、ことさら問題化しようとはしなかった。朝鮮半島や北朝鮮を眺める際、それよりはむしろ日本の戦争責任だとか戦後補償の問題、あるいは朝鮮半島を取り巻くアジア外交の視点で語る立場のほうが圧倒的な主流派でしたから。そうしたなか、徐々に声を上げ始めた「家族会」の方々に手を差し伸べたのが「救う会」に集ったような面々だったわけです。

ですから、別に途中から過激化して「北朝鮮を倒せ」などといい出したわけではなくて、もともとそういう志向を持っていた人たちが、語弊がありますが、うまく取り入って「家族会」の支援に乗り出していったわけです。なかには、明らかな右翼団体のメンバーなどもいた。逆にいえば、そういう人たちしか拉致問題や「家族会」に関心を示さなかったともいえます。

蓮池　おっしゃる通りですね。世間の目は冷たかったですから。「救う会」に恩義や信義を感じている人はたくさんいますね。

青木　警戒心はなかったのですか。近づいてくる人がどういう思惑を持っているのか。

蓮池　発起人がいってくれればよかったのです、石高健次さんや阿部雅美さんが。「救う会」がいろいろやってくれるので、「助かるな」という気持ちでいたのです。

青木　そうでしょうね。しかも「家族会」といっても、北朝鮮の内部事情や周辺の国際情勢については、当然ながらほとんど知識はないわけです。一方、佐藤さんや西岡さんは、かなり特異な見解や主張の持ち主とはいえ、「現代コリア」などを発行してきた専門家ですから、乾いたスポンジが水を吸い込むように、その考えが「家族会」に浸透していったのでしょう。ましてや肉親を拉致された被害者ですから、多少過激化するお気持ちはよくわかります。

蓮池 石高さんも最初は「救う会」と一緒にやってくれたのですが、会議などで石高さんが発言すると、西岡さんが「マスコミの人間は出ていってください」とかいうのですよ。「救う会」の影響が大きくなり始めたときに、何回か石高さんに頼んだのですが、「もうあかん」と……。

青木 なるほど。だとすれば、それも一種の主導権争いでしょうね。

朝鮮総連に対するメディアの配慮とは

青木 「救う会」の関与がなかったとしたら、運動はどうなっていたとお考えですか？

蓮池 「救う会」がなければ小泉訪朝がなかったかといえば、それは違うと思います。一方、「家族会」を作ってからの五年間の運動が、百パーセント小泉訪朝の動機付けとなったということもないと思いますが、何の影響もなかったとは考えたくない、そんな複雑な心境です。

そういう意味で、「家族会」を作ってから小泉訪朝までの五年間は、正直何だったのだろうと思います。我々ができることは署名を集める、あるいは外務大臣に会う、警察庁に陳情に行くなど、そうしたことしかありません。そして、署名を何百万人分とか持っていっても何かが変わるような感じはしませんでした。我々が求めていたのは、メディアがどんどん報道してくれて、「国は何をやっているのだ」という世論を喚起してくれることだったのですが、それをしてくれなかった。

ただ、メディアの嗅覚が鈍かったのではなく、朝鮮総連への遠慮みたいなものがあったのでしょう。

青木　また、それ以外にもいろいろな力学が働いていたのだと思います。ところが日朝首脳会談を大きな契機として、百八十度変わりました。
それ以前は、確かに朝鮮総連というのはいろいろ抗議してくる面倒くさい団体という印象もありましたが、決してそればかりではなくて、在日コリアンというマイノリティの権利を擁護している組織としての存在感もありました。また、朝鮮半島に苛烈な植民地支配を展開した記憶を生々しく持つ世代が各界に残っていましたから、韓国や北朝鮮に対する贖罪意識がそれなりに根強かったわけです。

さらにいえば、かつては北朝鮮が「地上の楽園」とまでいわれ、ある時期までは、韓国と対比したときに正統性がある国だという認識が、かなり共有されていました。

そうしたことごとを背景として、たとえばメディア組織のなかでは、北朝鮮は一種のタブー的な存在というか、薄い膜がかかったような対象だったわけです。

ただ、日朝首脳会談で、それは決壊しました。タブーが決壊するのは別に悪いことではありませんが、今度は「家族会」や「救う会」をタブー的な存在に祭り上げる一方、北朝鮮に関しては何を書いてもいい、何をいってもいいという、完全なるバッシングの対象になってしまいました。

裏づけの取れない適当なことを書いたり喋ったりしても訴訟を起こされる可能性はほとんどないし、かつての力をなくした朝鮮総連も、大して文句はいってこない。北朝鮮が異様な政治体制であることは否定しませんが、それをことさら罵(ののし)ったり、蔑(さげす)んだり、時には笑い飛ばしたり、そういう格好の対象にしてしまったのです。

大手メディアも例外ではありません。バカバカしい一例は国名の表記です。以前は「北朝鮮（朝鮮民主主義人民共和国）」と必ず正式国名を書いていたのが、首脳会談後は単に「北朝鮮」で構わないという話になった。当時、私が勤めていた通信社で理由を尋ねたら、「あんな国は民主主義国家でも何でもないからだ」と、編集幹部が堂々といい放つのには唖然(あぜん)としました。
いずれにせよ、日朝首脳会談を契機として猛烈な北朝鮮バッシングのムードが広がり、安倍首相が政界の階段を一気に駆け上がり、現在の嫌韓・嫌中のムードやヘイトスピーチなどの素地が形作られてきたと考えています。

共同通信は支局開設の許可を「家族会」に

青木　知人の新聞記者が当時、面白いことをいっていました。朝鮮半島に関して日本は、戦後ずっと「加害者」の立場だった。つまり常に反省し、謝罪しなければならない立場だった。ところが拉致問題は、戦後初めて日本を「被害者」の立場にし、それを機にして鬱屈していた憤懣や、潜在化していた差別意識などが噴き出してしまったのではないか。そういうのです。こうした面は確かにあるなと私も思います。

蓮池　私も似たような感覚を持っています。ですから、ある種の政治家にとって、拉致問題はずっと続いていてくれたほうがいいのです。

青木　もう少し広い目で見れば、中国の経済成長や韓国との関係悪化、そうしたいろいろな要素も混ざり合っていますが、日朝首脳会談や拉致問題を契機とする北朝鮮バッシングの風潮が大きな基点になったことは間違いないでしょう。韓国、北朝鮮、そして中国という、かつての戦争被害国の一角に対し、あれほど露骨な攻撃やバッシングを浴びせかけたのは戦後初めてでしたから。一部のメディアも、その風潮を確実に後押ししました。

私は一九九七年、ちょうど金大中（キムデジュン）が大統領に就いたころ、語学の勉強のためにソウルに一年留学しました。特派員としてソウル支局に赴任したのは二〇〇二年、ちょうど日朝首脳会談のころです。当時の韓国には、まだ南北首脳会談の余韻が残っていて、北朝鮮との対話路線が継続されていました。一方、日本では、拉致問題のショックと反発が社会を覆（おお）い尽くし、メディアも拉致問題や北朝鮮批判一色に染まっていました。

蓮池　活動のまっ只中にいた私は気づきませんでしたが……。

青木　もちろん拉致問題が日本にとって最大のイシューの一つだというのはまったく否定しません。が、あまりにも一色に染まった状況を特派員として外から見ていると、おかしなこともたくさん起こるわけです。

日朝首脳会談からしばらくのち、北朝鮮の核開発計画が大きな外交問題として浮上して、日米韓に中国、ロシア、そして北朝鮮による六ヵ国協議がスタートしました。いうまでもなく、協議の議題は北朝鮮の核やミサイル開発問題なのですが、東京からやってきた日本の記者は、記者会見などで拉致問題のことばかりを質問する。欧米や韓国のメディアから見ると、とても奇妙な光景だったのです。核やミサイルは日本にとっても大きな脅威なのに、どうして日本のメディアは拉致問題ばかりに目を奪われているのか、と。

蓮池　それは正しい指摘だと思います。メディアの人間が、私たち被害者の家族と同じような動きをしたのでは、プロ意識に欠けるといわれても仕方がないでしょう。

青木　おかしなことを挙げればきりがありません。たとえば共同通信が平壌支局を作ったのは二〇〇六年だったと思いますが、メディアができるだけ多くの場所にアンテナを張り、取材拠点を設けようとするのは当然のことです。支局を作ることにはもちろん何の問題もないのですが、当時は第三次小泉政権から第一次安倍政権へ移行する時代、そこで共同通信は神経を尖らせていたわけです。政権や右派から批判されたら厄介なことになる、と。

そこで政治部などを通じて官邸側に必死で根回ししたり、挙げ句の果てには横田滋さんを本社に招いて「平壌支局を作るのですが、ご理解いただけますか」とお伺いを立てたり……聞くところによると、横田さんは、「マスコミがいろいろなところにアンテナを張るのは当然ですから、私たちがいいとか悪いとかいう話ではないと思います」と答えられたそうです。極めて真っ当な対応です。

しかし、そういうことについて、わざわざお伺いをたてる……「家族会」に。バカなことですけれど、そういう雰囲気だったのです、当時は。実際、横田さんの冷静な対応とは対照的に、増元さんはネット上のブログ等で「売国通信社」などと激しい罵声を浴びせ、右翼の街宣車などもやってきたと聞いています。

田中均は被害者の生死を知っていたのか

蓮池　日朝首脳会談については、画期的な出来事だったと思います。四半世紀たって、ようやく事態が動いた。北朝鮮が拉致を認めたというのはすごいことだったと思うのです。それ自体は評価しているのです。ただ、締結の仕方があまりにも拙速で、被害者の人権をあまりにも軽く見てしまったのではないか、といいたい。そして最大の問題は、事前の協議で北が拉致を認めるということがわかっていたかどうか、ということです。

青木　それについては、外務省のアジア大洋州局長として会談をお膳立てした田中均さんに、何度かインタビューしたことがあります。田中さんは「金正日総書記が拉致を認めて謝罪しないと、平壌宣言に署名できないのは北朝鮮側も十分に認識していた」というような言い方をしていました。つまり、具体的に何人の被害者が生きていて何人が亡くなっているというような情報を事前に知らされていたわけではないが、何らかの回答がなされるのは当然だと認識していたということでしょう。

蓮池　私は「五人生存、八人死亡」といわれたとき、死亡したとされる家族への段取りがずいぶん整っている、政府は知っていたのか、と思いました。

というのも、外務省の飯倉公館という場所は、そう簡単に押さえられるところではないのに、そこに家族を呼び出して、官房長官が来て、そして「死んだ」といったわけです。飯倉公館全館を使ったのです。しかも、バスまでチャーターしてあり、議員会館から飯倉公館まで「家族会」が乗っていった。平壌から「八人死亡」というニュースが入って、即席でバスや飯倉公館を手配したのか、あるいは前もって準備していたのか……。

しかし小泉首相は、日朝会談後の記者会見で、「死亡者がいたのは痛恨の極みだ」とだけいい、平壌宣言にサインしてしまったわけです。

青木　首相が訪朝するという戦後初の歴史的な政治イベントですから、それはさまざまに周到な準備はしていたのでしょう。

蓮池　ところで青木さんは、小泉政権について、どのような評価をされていますか。

青木　私は小泉政権そのものをあまり評価していません。しかし、日朝首脳会談に関していうと、近年の日本外交では最も能動的で、最もドラマティックな成果を残したと評価しています。

田中均さんも話していましたが、戦後日本の外交を俯瞰(ふかん)すると、大きく二つの宿題が積み残されている。一つはロシアとの間で北方領土問題を解決し、平和条約を締結するという宿題。もう一つは日朝の国交正常化。いずれも先の大戦の清算につながる問題です。

日本の戦後処理は中国とも韓国とも他の国々とも一応は終わっているわけですが、北朝鮮との間では積み残されたままになっている。戦後七〇年も経つのにそうした状況が続き、隣国と国交すら結べていないのは異常だし、なんとかしなくてはいけないという外交官の感覚でしょう。

もちろん、それほど純粋な気持ちばかりではなかったろうし、外交官として大きな仕事をして一旗揚げたいという山師的な考えもあったのでしょうが、それは別に悪いことではない。実際、小泉政権と田中均という外交官はそれにチャレンジし、日朝首脳会談という大成果をあげたわけです。

にもかかわらず、安倍首相や「救う会」の人々は、田中均さんを口汚く罵った。彼がいなければ日朝首脳会談は開かれていないかもしれず、つまりは拉致問題も前進しなかったのかもしれないのに、なぜあれほど罵声を浴びせるのか……私にはまったく理解不能です。

日朝首脳会談における金大中の役割

青木 また、日朝首脳会談に至る国際環境を俯瞰すると、金大中の存在も極めて大きかったと思います。

南北首脳会談にもさまざまな評価はありますが、分厚いベールに覆われていた金正日という存在を表舞台に引っぱり出し、南北の和解ムードを作り上げた。これを機に当時のオルブライト米国務長官を北朝鮮に招いたり、金正日の側もロシアを訪問したり、積極的な外交に打って出た。金正日の真意は不明だし、私たちが考えるような改革・開放路線などとは距離があったでしょうが、当時の北朝鮮に対外的な関係改善の意欲があったのは間違いありません。

その結果として金大中はノーベル平和賞を受賞するわけですが、実をいうとこの受賞は南北首脳会談ばかりが評価されたのではなく、日韓関係の改善も受賞理由に入っていたのです。知日派の金大中は日韓関係の改善にも熱心に取り組み、在任中の一九九八年には小渕恵三(おぶちけいぞう)首相との間で「日韓パートナーシップ宣言」を謳(うた)い上げた。これを機に日韓の関係は「過去最高」といわれるほどに好転し、のちの韓流ブームや二〇〇二年のサッカー・ワールドカップ共催につながっていったのです。

蓮池 それは、私にとって、まったく新しい視点です。加えて、金大中氏のノーベル平和賞受賞理由にも、日韓関係の改善が入っていたのですね。

青木 ええ。しかも金大中は、南北首脳会談などを通じて、金正日に「対日関係の改善」を促しました。金大中政権自身も、日朝関係の改善を歓迎する姿勢だった。もちろん南北対話を側面的に支えるものだという打算はあったでしょうが、こうした素地があったからこそ、日朝首脳会談も実現した面があったわけです。

ところが日本国内では、日朝首脳会談による拉致問題ショックを背景として、「救う会」や安倍晋三みたいな人たちが政治的ヘゲモニーを握る状況が出現してしまいました。

クリントン政権が続いていたら日朝は

青木　もう一つはアメリカの動きです。日朝首脳会談からしばらくあと、ブッシュ政権の国務次官補だったケリーが北朝鮮を訪れ、濃縮ウラン方式による核開発問題を追及しました。これによって南北対話ムードにも、日朝関係改善の動きにも、一気に急ブレーキがかかります。

一部の論者のように、すべてがアメリカのせいだなどという陰謀史観には立ちませんが、朝鮮半島問題で最大のキー・プレイヤーは間違いなくアメリカです。もしクリントン政権がもう少し続いていれば、状況はだいぶ違ったかもしれない。ブッシュではなく、ゴアが大統領になっていれば、これもまた状況は違ったかもしれません。

蓮池　小泉首相はブッシュ大統領と仲がいいというのが売りでしたが、なぜケリーの訪朝を止めなかったのでしょうか。

青木　ブッシュ政権にしてみれば、北朝鮮が核開発をしているのに韓国や日本は何を脳天気なことをしているんだ、という思いだったのかもしれません。

蓮池　ある外交官が嘆いていました。ワシントンにいたときに、最初は拉致問題についてアメリカ側からいろいろと聞かれたけれど、例の「テロ支援国家」の解除をやる段になったら、まったく関心を示さなくなった、と。けっこう自国の都合によって豹変（ひょうへん）してしまうのですね。

青木　それはそうです。そういう意味では、拉致問題はさまざまな国際情勢のなかで翻弄（ほんろう）されている面があります。

北朝鮮の不安を取り除いたとき

蓮池　それにしても、動機は何でもいいので、とにかく行動してくれ、といいたい。「拉致議連」（「北朝鮮拉致疑惑日本人救援議員連盟」）などは「行動する議員連盟」（「北朝鮮に拉致された日本人を早期に救出するために行動する議員連盟」）に名前を変えたのに、何もしてない。唯一、行動したのは小泉さんで、二回も訪朝しました。思い立ったら行くのが小泉さんかもしれませんが、直談判しようとしたことは素直に評価したいです。きっと安倍さんは、訪朝することなどないでしょう。

青木　振り返ってみれば、拉致問題を膠着状態に陥らせた最大の責任は安倍さんにあると

思うのです。そもそも彼は、いったい何をしてきたのか。日朝首脳会談を実現に導いたのも、金正日に拉致を認めさせて謝罪させたのも、彼の仕事ではまったくない。日朝首脳会談後の北朝鮮バッシングムードを煽り、それに乗っていっただけです。

会談時には「金正日が拉致を認めて謝罪しなかったら席を蹴って帰国しましょう」と安倍さんが小泉首相に直言した、などという妙に勇ましい「武勇伝」ばかりが喧伝(けんでん)されたけれど、そんな発言が本当にあったのかも怪しい。田中均さんに聞いたら、はっきりとは否定はしないのですが、「そんな発言は記憶にない」という。「金正日が拉致を認めて謝罪しなかったならば平壌宣言など署名できない、そんなことは会談に関わっていた全員の共通認識だったから、あらためていう必要もない」ともいっていました。

しかし、安倍さんは日朝首脳会談を跳躍台として、政界の階段を一気に駆け上った。以後も「対話と圧力」といいながら、対話のルートすら作ることができず、やってきたことといえば北朝鮮への圧力をひたすら強め、勇ましい発言を繰り返すばかり。拉致担当の大臣を置いたり、拉致問題対策本部を強化して予算を付けたりしているけれど、そのカネが何に使われているのかといえば、広報用の大型トラックを走らせたり、アニメを作ったり……それで何かが進展したのならまだしも、時間ばかりが経過している。

拉致問題を最も政治的に利用したのが安倍さんだといっても過言ではないと思います。経済制裁をやるだけなら、誰でもできるでしょう。

蓮池　安倍さんは、十数年前と同じことをいっていますから、がっかりしています。「家族会」も「救う会」もまったく同じ。「全員まとめて返せ、でなきゃ制裁強化だ」と。

青木　ところで「家族会」がいう全員とは、政府認定被害者の、残り一二人のことですか。

蓮池　そうです。「八八〇人全員を返せ」といったのは古屋圭司（ふるやけいじ）（自民党衆議院議員）さんぐらいです。それもテレビでいってしまうのだから……。

めぐみさんはいま何をしているのか

青木　その政府認定被害者で象徴的な存在が横田めぐみさんだとしたら、彼女はいま、どうなっていると思いますか。

蓮池　一九九四年に精神科の病院に入院して以降はわかりません。弟は、横田さん夫妻に、めぐみさん入院の話と、数年後の夫の金英男さんの再婚の話はしたのですが、早紀江さんは「信じない」というばかりで……。

青木　娘さんを奪われた母親としては当然の心情だと思います。私は早紀江さんに詳しくお話を聞いたこともありませんが、誤解を恐れずにいえば、運動そのものが生きがいになっている印象も受けます。滋さんは、もう少しご自分を客観視されているところがあるようですね。

蓮池　早紀江さんは、「遺骨を見ても信じない」「DNA鑑定も信じない」とおっしゃっています。遺骨みたいなものを持ち帰ることも、絶対にやめてくれと。私が「本人を連れてこいということですね」と聞いたら、「そうです」とおっしゃいました。

日朝が接近しようとすると、韓国から、決まり切ったように、いろいろな情報が出てきます。韓国国家情報院経由が多いのですが、「横田めぐみを見たという証言が出てきた」などと……。二〇一四年には、逆に、「めぐみさんが亡くなったとされる精神科病院で医師をしていた脱北者が、専門的な薬を処方したら、のちに亡くなって、他の死亡患者と一緒に穴を掘って埋めた」というような証言の情報が流れました。これは「東亜日報」が報じています。

ここで面白いのは、日本の書類を入手した、という点です。どういうことかというと、拉致問題対策本部が作成した朝鮮語の質問に脱北者が答えたものが官邸に上がっている、というのです。これを報じた「日刊ゲンダイ」は、その文書そのものを紙面に出していました。青木さんはソウル支局にいらしたのでお聞きしたい、そういう記事の信憑性はあるのでしょうか。

青木　日本の新聞に比べて飛ばし気味の記事が多いのは事実ですが、基本的にはそれほど変わりませんよ。政府や情報当局のリークに踊らされることもしばしばあります。

蓮池　韓国にしてみれば、日朝間が先にうまくいってしまうのは面白くないのでしょうか。

青木　いまは間違いなくそうでしょう。南北関係が膠着状態に陥っているなか、対北政策のヘゲモニーを日本に握られるのには不快感を持つ。ましてや日韓関係が最悪の状態です。蓮池さんが指摘された個々の記事についてはわかりませんが、そういうなかで揺さぶりをかけるような観測記事が出ている可能性はあります。

中韓との関係改善なくして拉致問題は

青木 ただ、こうした点からもわかるように、中国ばかりか韓国との関係すらぶち壊しておいて、日朝関係や拉致問題が前進するわけがないということです。歴史認識や靖国問題で中国や韓国を怒らせておいて、拉致問題の解決に向けた協力は得たい、というのはムシがよすぎる。外交交渉ですから、なんでもかんでも日本側の思惑ばかりが通るはずもないのです。拉致問題を本気で前進させようとしたら、我慢するところは我慢して、周辺国との関係を円満にしておく必要がある。

それに、国際政治は時の運みたいなところもあります。先ほども述べたように、日朝首脳会談実現の背景には、南北の和解という素地があった。考えてみれば、金大中という政治家は戦略家でした。もちろん相当なマキャベリストだし、韓国内でもさまざまな評価はあるけれど、南北対話を実現しつつ日本との関係を改善し、日朝対話の道筋を後押しした。大きな絵を描きながら個々の政策を決める構想力がありました。

日朝首脳会談もそうでした。これも田中均さんに聞いた話です。小泉首相は「拉致問題の解決なくして日朝関係の改善もない」といい続ける一方、水面下では田中均さんたちが北朝鮮側との極秘交渉を長く続けた。外交交渉ですから、北朝鮮側にも得になることがなければ交渉は前進しないのですが、田中さんにいわせれば、拉致という犯罪行為に「対価」を与えることはできない。ならばどうするか。田中さん曰（いわ）く、「もっと大きな絵を描いた」というのです。

つまり、将来的に日朝の国交が正常化すれば、北朝鮮側にとっても大きなメリットがある。日朝は戦後処理すら終わっていないわけだから、賠償というかたちになるのか、韓国と同じような経済協力資金というかたちになるのかはともかく、いずれにしても北朝鮮側も利益を得る。そのためには、まず拉致問題を解決しなければならない。こうした絵なら、日朝双方にとって得があり、だからこそ拉致問題も大きなブレイクスルーを迎えたと。

そういう大きな構想力のある絵を描かなければならないのに、日朝首脳会談後の日本の姿勢、特に安倍政権の対北政策は、ひたすら圧力をかけていれば北朝鮮が困って折れてくるはずという、単純皮相なものでした。

ただ、日本だけが経済制裁だと息巻いたところで、周辺国の思惑はまた違う。実際、日本が制裁をしても、中国との貿易などとして置き換わっただけでしょう。そして日本は、もうこれ以上、圧力のかけようもないような状態です。貿易もほぼゼロになったし、人の交流もほとんどないし、万景峰号なども止まっている……。

蓮池　この間の再調査の話でも、北のほうは遺骨の問題などの回答をしようとしたのですが、日本側が拉致問題を優先するという姿勢で、それ以外の報告はダメだと蹴とばしてしまった。遺族の方は、それで困っています。二〇一四年のストックホルム合意で、遺骨の問題もやるとなっていたのですから。

それまで、墓参などのために行っていた訪朝も止まってしまった。これは朝鮮総連が止めたといわれています。なぜか？　総連の幹部やその子どもの逮捕がありましたが、あれが響いたらしいのです。

二〇一四年九月に、共同通信のインタビューに宋日昊が、「報告書はできているが、日本側との合意が整ってないから発表できない」と答えたのは、その事情をリークして、事態を進めたかったのでしょう。

青木　それにしても日本政府は、二〇一五年の九月に北朝鮮側から報告があるなどと、自信満々にいっていたのですが、根拠があったと思いますか。

蓮池　単なるパフォーマンスでしょう。拉致問題対策本部のある人物が、ストックホルムまで連れていかれた。それで、外務省は何か握っているのではないかと思っていたのですが、実際は何もなかった。一方の北は、拉致問題だけではなくて、遺骨や日本人妻などいろいろな問題のなかから、出せるものから出していこうとしたらしいのです。拉致以外の問題を出して、お茶を濁そうとしたのでしょう。

安倍さん自身も、再調査など茶番だといっていた人ですが、そんな人が再調査に合意した……。そもそも、集団的自衛権の行使容認を閣議決定して北の脅威を煽っている人が、その北との協議を進めているのですから、何が何だかわかりません。

拉致問題解決の「定義」を

青木　拉致問題に関するもうひとつの大きな問題は、蓮池さんも指摘している解決の「定義」でしょう。繰り返しますが、外交交渉では、一方だけが得をして前進することはありえない。ならば、相手の立場になって想像してみることが大切です。

その北朝鮮の立場になってみると、日朝首脳会談は手痛い失敗でした。絶対的権力者である金正日が拉致を認め、謝罪までしたというのに、日朝関係は改善するどころか、悪化の一途をたどってしまった。金正日にしてみれば大恥をかかされたようなものだし、その下にいた交渉実務者たちにしてみれば悪夢です。ああいう国ですから、場合によっては粛清される。いや、実際に粛清されてしまったかもしれない……。

では、今度はどうなのか。再調査をして、少し不謹慎な物言いですが、場合によっては拉致被害者の何人かを帰そうかと考えたとする。しかし、これで北朝鮮側に何かメリットはあるのか。前回と同様、状況を悪化させてしまうだけではないのか。そもそも北朝鮮側が最も懸念しているのは「これで終わるのか？」ということ。いったい何をもって「解決」とするのかが不分明なのです。これでは前進できません。

ただ、他の政権より安倍政権のほうが有利な面もあるはずです。何よりも「家族会」と「救う会」に支持され、この二つの会を押さえられるのが大きい。しかも拉致問題を跳躍台にして政界の階段を駆け上ったわけですから、安倍政権こそ、拉致問題を解決に導くべきなのだと思います。

蓮池　北朝鮮も、そう思っているでしょう。拉致問題対策本部政策企画室長だった實生泰介（みぶえたいすけ）さんにそういったら、「それは北を過大評価している」と返されましたが……。

青木　いずれにせよ、拉致問題を解決する前提としては、大きな構想力で絵を描いて、北朝鮮側と真剣に交渉することしかありません。これもまた北朝鮮の立場で考えてみると、現在は中朝の関係もギクシャクしているし、南北は膠着状態です。ロシアとの関係も、アメリカとの関係も、進展の見通しがありません。ならば日本との関係を動かそう――そうしたモチベーションが働く可能性だってあります。

蓮池　いま、めぐみさんが生きているの死んでいるのといっても、どちらにしても証拠がない。生きていることを前提にするのは、心情的には当然でしょう。しかし、政府が同じような考え方をしていてはダメです。

外交をやるのなら、いろいろなケースをシミュレーションしなければならない。そして実際の行動では、家族と同じように「拉致被害者全員を返せ」などとナイーブなことをいっていてはなりません。それは外交ではなく、国内政治なのです。

独裁政権の「利点」とは何か

青木　もはや、拉致問題解決のために日本側がやることは明確です。繰り返しになりますが、大きな構想力を持って日朝双方にメリットがあるような絵を描き、最終的には日朝の国交正常化を目指して北朝鮮側と真剣に交渉すること。その前提として「拉致問題の解決とは何か」という「定義」をきちんと示すこと。そして韓国や中国などの協力を得るため、関係を良好に保つよう努力すること。首相や閣僚が靖国神社に参拝したり、過去の歴史を肯定したり美化したりする……そうしたことを徹底的に自制することです。
拉致問題を再調査して一年後に答えをくださいね、といったところで、北朝鮮にとっては何ら得るものもない。かつての日朝首脳会談では戦後補償なども視野に入れつつ交渉をしたけれど、少なくとも安倍政権は、そのようなビジョンを示していない。ならば北朝鮮には、「そんな状況で交渉を進めても大丈夫なのか？」という疑心しか湧かないでしょう。

蓮池　ただ、戦後補償といったところで、やはり北朝鮮支援の範疇(はんちゅう)に入りますよね。それに対して、アメリカが黙っていないと思うのです。

青木　おっしゃる通りだと思います。現状では、日本だけが突出して北朝鮮との関係を改善していくのは不可能でしょう。アメリカも、韓国も、それを許さない。だからこそ各国との関係を良好に保つ努力をしつつ、粘り強く交渉をしながら、時が来るのを待つしかない。

蓮池　韓国に対して戦後補償で渡した五億ドルを、いまの相場で北朝鮮に渡そうとしても、核開発をしている国に対して実行するのは絶対に無理ですね。

青木　ただ、これは暴論ですが、日本にとっては北朝鮮が独裁体制のうちに国交正常化を進めたほうが得なのですよ。一九六五年に日韓国交正常化へと漕(こ)ぎ着けた際には、韓国が朴(パク)正熙(チョンヒ)による独裁体制だったからこそ、五億ドルの経済協力資金で済んだともいえる。

しかも「韓国との請求権・経済協力協定」では、日韓間の請求権については「完全かつ最終的に解決された」と明記され、これがいまの慰安婦問題などを燻(くすぶ)らせる遠因にもなったわけですが、朴正熙体制でなければ、韓国世論の反発を押さえつけられなかったでしょう。

もし北朝鮮が民主化されたり、韓国と統一したあとで国交正常化交渉をしたら、とてもそのような額では収まらないし、第一まとまらない。皮肉を込めていえば、日本の右派の連中は、どうしてそのことに思いが及ばないのかと思ってしまいます。

あとがき――「過去の清算」とともに拉致問題解決を

北朝鮮による日本人拉致問題は、出口が見えないまま完全に行き詰まっている。事件発生から四〇年近くが経過し、「北方領土問題化してしまった」などという声も耳にする。しかし、拉致問題と北方領土問題とを決して同列に論じてはならない。

もちろん、北方領土も国家主権に関わる重要な問題であるが、島はよほどの地殻変動でも起こらない限り存在し続ける。が、拉致問題の対象となるのは生身の人間である。当然ながら自然の摂理に従い、いつかは消滅する運命にあるのだ。

日本政府は、それを待っているのかという穿った見方をしてしまうこともある。要するに、もう時間がない。急がなければならない。日本国憲法に照らしていえば、拉致被害者の基本的人権は守られていない。四〇年近く「違憲」状態が続いている。

金日成主席や金正日総書記を神格化するとともに、自身への忠誠を徹底させようとする金正恩第一書記。このため、気に入らない者は誰でも、たとえば叔父の張成沢（チャンソンテク）氏でさえも、容赦なく粛清するという見せしめを繰り返している。一方で、外交実績もなく、国内の改革もおぼつかない。結局は核とミサイルによって権威を保つしかない状況に陥っている。

そのような金正恩第一書記に対して、画期的な政策を進言できる勇気ある部下はいないのだという。ボトムアップによる政策の実行というシステムは機能不全になっている。だからといって、トップダウンで効果的な政策がとれるほど、金正恩に能力はない。

絶望的ともいえる状況で、安倍政権がいかに金正恩政権と対峙（たいじ）していくか、その手腕が問われるところだが、未だに特効薬は見つかっていない。ただ、拉致問題再調査の結果が報告されなくとも、国連安保理決議違反のミサイル発射実験が行われても、安倍政権は日朝間のパイプを切ることはしない。すなわち「ストックホルム合意」は、両国にとって重要かつ失いたくないものなのである。

しかし、「ストックホルム合意」がいつまでも「合意」のままであってはならない。それが履行（りこう）されなければ意味がないのだ。本文にも書いたが、日本は何をするべきなのか、理性的に、そして戦略的に知恵を絞ってもらいたい。

北朝鮮の視点に立った検討も必要だ。原則論を貫き、経済制裁路線にこだわっていたならば、身動きがとれなくなる。甘いといわれても、対話・交渉路線の追求は必要である。

いかなる民族が相手であろうと、対話と交渉なくして和解はない。北朝鮮の行動に対する「見返り」は当然、必要であろう。彼らも「合法的に金を取れるのは日本からだけだ」と、考えているのは明らかだ。そうであるならば、日朝間に横たわる「過去の清算」の問題を考慮せずして、真の拉致問題の解決はないはずだ。

北朝鮮から「百点満点」の回答を待ち続け、やみくもに時間だけを経過させるのか。そうでない選択肢をとるのか。日本政府の決断の時期はとっくに過ぎている。

二〇一五年一二月

蓮池(はすいけ)　透(とおる)

本文写真――共同通信イメージズ、講談社資料センター

著者略歴

蓮池　透（はすいけ・とおる）

一九五五年、新潟県に生まれる。東京理科大学理工学部電気工学科卒業後、一九七七年、東京電力に入社。二〇〇二年、日本原燃に出向。同社燃料製造部副部長。核廃棄物再処理（MOX燃料）プロジェクトを担当。二〇〇六年、東京電力原子燃料サイクル部部長（サイクル技術担当）。二〇〇九年に東京電力を退社。一九七八年に北朝鮮に拉致された蓮池薫の実兄。北朝鮮による拉致被害者家族連絡会（家族会）の事務局長などを歴任する。

著書には、『奪還　引き裂かれた二十四年』『奪還第二章　終わらざる闘い』（以上、新潮社）、『拉致　左右の垣根を超えた闘いへ』『私が愛した東京電力　福島第一原発の保守管理者として』（以上、かもがわ出版）などがある。

拉致被害者たちを見殺しにした安倍晋三と冷血な面々

二〇一五年一二月一七日　第一刷発行

著者――蓮池　透

カバー写真――共同通信イメージズ

装幀――多田和博

©Toru Hasuike 2015, Printed in Japan

発行者――鈴木　哲　発行所――株式会社講談社

東京都文京区音羽二丁目一二―二一　郵便番号一一二―八〇〇一

電話　編集〇三―五三九五―三五二二　販売〇三―五三九五―四四一五　業務〇三―五三九五―三六一五

落丁本・乱丁本は購入書店名を明記のうえ、小社業務あてにお送りください。送料小社負担にてお取り替えいたします。なお、この本の内容についてのお問い合わせは、第一事業局企画部あてにお願いいたします。

印刷所――慶昌堂印刷株式会社　製本所――黒柳製本株式会社

ISBN978-4-06-219939-1

定価はカバーに表示してあります。

本書のコピー、スキャン、デジタル化等の無断複製は著作権法上での例外を除き禁じられています。本書を代行業者等の第三者に依頼してスキャンやデジタル化することは、たとえ個人や家庭内の利用でも著作権法違反です。

講談社の好評既刊

朝日新聞政治部取材班
総理メシ
政治が動くとき、リーダーは何を食べてきたか
日中国交正常化、40日抗争、消費税導入、PKO、郵政解散……、時の総理たちは「日本の一大事」に際し、何を食べ、考えたのか？
1300円

金子兜太
他界
「他界」は忘れ得ぬ記憶、故郷——。あの世には懐かしい人たちが待っている。95歳の俳人が辿り着いた境地は、これぞ長生きの秘訣！
1300円

枡野俊明
心に美しい庭をつくりなさい。
人は誰でも心の内に「庭」を持っている——。心に庭をつくると、心が整い、悩みが消え、アイデアが浮かび、豊かに生きる効用がある
1300円

若杉　冽
東京ブラックアウト
「原発再稼働が殺すのは大都市の住民だ!!」現役キャリア官僚のリアル告発ノベル第二弾「この小説は95％ノンフィクションである！」
1600円

堀尾正明
話す！　聞く！　おしゃべりの底力
日本人の会話の非常識
紅白歌合戦の総合司会や、生番組で2000人以上にインタビューしてきた著者が明かす、一生役立つ会話の秘訣とうちとける技術
1300円

榎　啓一
iモードの猛獣使い
会社に20兆円稼がせたスーパー・サラリーマン
日本のライフスタイルを一変させた「iモード」開発チームの総責任者が、イノベーションを起こした成功の秘訣を初めて語る！
1400円

表示価格はすべて本体価格（税別）です。本体価格は変更することがあります。

講談社の好評既刊

佐藤 優
荒井和夫
新・帝国主義時代を生き抜くインテリジェンス勉強法
国際政治から経済まで、2人の〝情報〟のプロフェッショナルが、「いまそこにある危機」を徹底討論。日本人が生き残る秘策が明らかに
1400円

木村真三
「放射能汚染地図」の今
原発事故はまだ何も終わっていない。それを日本人は忘れてはならない。福島で被災者と共に闘い続ける科学者の3年におよぶ記録
1500円

鈴木真美＋
ＮＨＫ取材班
島耕作のアジア立志伝
島耕作に学ぶ「日本が世界で勝つ」もうひとつの方法！ 波瀾万丈の人生を乗り越えて、夢を実現したアジア経営者が語る成功の秘密
1400円

池口龍法
お寺に行こう！
坊主が選んだ「寺」の処方箋
「この世で得たものは、必ず手放す時がくる」無常な世の中で心折れずに生きるため、京大卒僧侶が見つけて届ける、「寺」の活用法！
1300円

安藤英明
勉強したがる子が育つ「安藤学級」の教え方
わずか1ヵ月で、どんな子でも発表や作文が大好きになる！ 教育界で語り継がれる奇跡の授業に詰まった子どもが伸びる理由の全て
1400円

吉水咲子
描いて、送る。
絵手紙で新しく生きる
49歳の時、母の代筆で描いた初めての絵手紙が人生を大きく変えた。「ヘタでいいヘタがいい」吉水流絵手紙をあなたも始めてみましょう
1300円

表示価格はすべて本体価格（税別）です。本体価格は変更することがあります。

講談社の好評既刊

近藤大介
習近平は必ず金正恩を殺す
アメリカがバックに控える日本、フィリピン、ベトナムには手出しのできぬ中国……国内の不満を解消するため北朝鮮と戦うしかない!?
1500円

呉　智英＋適菜　収
愚民文明の暴走
「民意」という名の価値観のブレそのままに、偽善、偽装、偽造が根深くはびこる現代ニッポンは、これからどこへ向かうのか？
1300円

適菜　収
日本をダメにしたB層用語辞典
社会現象化した人物、場所、流行に辛辣な解説を加えた現代版「悪魔の辞典」。「B層国家・日本」の現状を理解するための厳選295語
1200円

菅原佳己
日本全国ご当地スーパー隠れた絶品、見～つけた！
温泉街の驚異の惣菜から石垣島の大人気食品まで。全国のスーパーを廻って買って食べて書いた、話題の主婦作家、自腹行脚第二弾!!
1300円

鈴木直道
夕張再生市長
課題先進地で見た「人口減少ニッポン」を生き抜くヒント
負債353億円、高齢化率46・9%、人口1万人割れ……。「ミッションインポッシブル」と言われた夕張を背負う33歳青年市長の挑戦
1400円

広瀬和生
なぜ「小三治」の落語は面白いのか？
人間国宝・柳家小三治を膨大な時間をかけて聴いて綴った、落語ファン必読の書。貴重なロングインタビューや名言、高座写真も満載
1700円

表示価格はすべて本体価格（税別）です。本体価格は変更することがあります。

講談社の好評既刊

高野誠鮮
ローマ法王に米を食べさせた男
過疎の村を救ったスーパー公務員は何をしたか？
人工衛星で米を測定、直売所開設で農家の収入を上げ、自然栽培米でフランスに進出！　石川県の農村を救った公務員の秘策の数々
1400円

髙橋洋一
グラフで見ると全部わかる日本国の深層
政治家、官僚、新聞、テレビが隠す97%の真実を44のグラフで簡単明瞭に解説!!　「消費税増税は不要」「東電解体で電気は安くなる」
1000円

菅原佳己
日本全国ご当地スーパー掘り出しの逸品
「食の楽園」ご当地スーパーで見つけた、驚きと笑いの逸品！　観光&出張みやげガイドに、ご当地友人との会話に、活躍度満点の一冊
1300円

河野太郎
牧野　洋
共謀者たち
政治家と新聞記者を繋ぐ暗黒回廊
福島第一原発事故が拡大した原因、その背後に隠された「共謀者たち」の共生するムラを実名で徹底的に暴く。真実は東京新聞だけに
1500円

浜田宏一
アメリカは日本経済の復活を知っている
ノーベル経済学賞に最も近いとされる巨人の救国の書!!　世界中の天才経済学者が認める本書の経済政策をとれば日本は今すぐ復活!!
1600円

適菜　収
日本を救うC層の研究
暴走するB層を止めることができるのは、未来に夢をかけない、IQの高い保守層しかいない！　大好評「B層シリーズ」の最新刊!!
1300円

表示価格はすべて本体価格（税別）です。本体価格は変更することがあります。

講談社の好評既刊

若杉　冽
原発ホワイトアウト
現役キャリア官僚が書いたリアル告発ノベル「原発はまた、必ず爆発する!!」——日本を食い物にするモンスターシステムを白日の下に
1600円

吉富有治
大阪破産からの再生
ベストセラー『大阪破産』著者による、大阪経済の「いまそこにある危機」の全貌と、どん底からいかに再生するかの提言を込める!!
1300円

三井智映子
フィスコ 監修
最強アナリスト軍団に学ぶ
ゼロからはじめる株式投資入門
Yahoo!ファイナンス「投資の達人」株価予想でデビュー以来5連勝!! 最注目の美貌アナリストが説く究極にわかりやすい一冊
1400円

大塚英樹
会社の命運はトップの胆力で決まる
今、本当に人生を託せる会社とは? 組織の「終わりの始まり」はトップ人事にあり。500人の経営者に密着した男が語る新成功原則
1400円

浜田宏一
アベノミクスとTPPが創る日本
40のQ&Aで知る、2015年の日本経済! 株価は? GDPは? 給料は? 物価は? ハマダノミクスで、大チャンスが到来した!!
1400円

近藤大介
日中「再」逆転
習近平の「超・軽量政権」で、中国バブルは2015年までに完全に崩壊する!! 汚職の撤廃でGDPの2割が消失する国の断末魔!
1600円

表示価格はすべて本体価格(税別)です。本体価格は変更することがあります。